河北走向新型城镇化的实践与探索丛书 ④

魅力先锋

河北省城镇面貌三年大变样先进县(市)红旗谱

河北省城镇面貌三年大变样工作领导小组
河 北 省 新 闻 出 版 局 主编

河北出版传媒集团公司
河北人民出版社

《河北走向新型城镇化的实践与探索丛书》编委会

主　任：宋恩华
副主任：高建民　曹汝涛　朱正举　李晓明
编　委：王大虎　苏爱国　唐树森　马宇骏　曹全民
　　　　肖双胜　赵常福　赵义山　戴国华　张明杰
　　　　冯连生

编　辑：（按姓氏笔画为序）
　　　　于文学　王苏凤　孙燕北　孙　龙　吴　波
　　　　张国岚　张　浩　李英哲　李伟奇　宋　佳
　　　　罗彦华　孟志军　高晓晓　焦庆会

序

  城镇面貌三年大变样是河北城建史上具有里程碑意义的重大事件，既加速了城镇化进程，也助推了经济的发展与繁荣；既拓展了城市发展空间，也为百姓构建了更加幸福的宜居环境；既创造了许多有形的物质财富和工作成果，也创造了许多无形的精神财富和思想成果。

  河北有110个县城和22个县级市，在城镇总量中占有很大比例，是全省城镇体系的重要组成部分，也是城镇面貌三年大变样工作的一个重要战场。县（市）城建工作基础差、底子薄，工作难度之大可想而知。但各县（市）从实践科学发展观的高度，顺应广大人民群众过上美好生活的新期待，迎难而上、大胆开拓，改革创新、真抓实干，你追我赶、竞相发展，办成了一大批过去"不敢想"、"不可能"的大事、实事、难事，实现了城镇面貌的新变化，基础设施的新跨越，城市功能的新拓展，人民幸福指数的新提升，推动河北城镇化和城市现代化建设迈出了坚实步伐。

  为表彰先进，再鼓干劲，河北省委、省政府授予张北县、肃宁县、魏县、霸州市、冀州市、青龙满族自治县、平泉县、宁晋县、武安市、迁安市10个县（市）"河北省城镇面貌三年大变样工作先进县（市）"称号。这10个县（市），是燕赵大地城镇面貌三年大变样的优秀代表，是各县（市）城建工作的缩影。对这10个县（市）"三年大变样"工作进行总结，将其成功经验编辑成"红旗谱"，对各县（市）今后的工作具有典型示范和带动全局的意义。

展望新的三年，我们将紧紧围绕繁荣和舒适两大目标，全面推动城镇环境质量、聚集能力、承载功能、居住条件、风貌特色、管理服务上水平。我坚信，在河北省委、省政府的坚强领导下，经过燕赵儿女又一个三年的努力，包括县（市）在内的城镇建设将会有新的跨越，人民的生活会更美好！

河北省人民政府副省长 宋恩华

2011年8月26日

目录

张北县

2 / 巨笔写华章　凝心谋发展
　　　　　　　　　　　　中共张北县委　张北县人民政府

10 / 城市之变源于思想之变　　　　　　李雪荣

16 / 城市建设从规划起步　　　　　　　戎均文

23 / 邀来丽景满庭芳

肃宁县

30 / 建设新区　改造旧区　协调发展
　　　全力推进城镇面貌三年大变样
　　　　　　　　　　　　中共肃宁县委　肃宁县人民政府

39 / 找准定位　创新思路　加大投入
　　　打造宜居宜业的生态型现代化明星小城市　安伟华

45 / 推进城镇面貌三年大变样
　　　打造宜居宜业现代新肃宁　　　　　鞠志杰

52 / "三年大变样"聚人气招财气
　　　助推全县社会经济更好更快发展

魏　县

56 / 科学发展铸巨变　众志成城谱新篇
中共魏县县委　魏县人民政府

66 / 实施城镇化带动战略是魏县走上科学发展
　　　快速振兴的必由之路　　　　　　　齐景海

73 / 共建梨乡水城·魏都
　　　共享幸福宜居城市　　　　　　　　殷立君

80 / 一个国家级贫困县的科学发展之路

霸州市

88 / 规划领航　文化助力
　　　全力推进城镇面貌三年大变样
中共霸州市委　霸州市人民政府

97 / 突出文化主题　造就百年城市　　　杨　杰

103 / 把握主线　彰显魅力　力促转型　　王凯军

109 / 华丽蝶变的三年

冀州市

120 / 抢抓发展机遇　突出滨湖特色
　　　加快建设宜居宜业宜游的现代化滨湖城市
中共冀州市委　冀州市人民政府

128 / "三年大变样"带来的思考　　　　刘全会

134 / 滨湖新城展新篇　　　　　　　　　　　　　　　　刘占强

140 / 拥抱衡水湖　做足水文章

以滨湖新区推动城市大发展

青龙满族自治县

148 / 贫困山城换新颜

中共青龙满族自治县委　青龙满族自治县人民政府

156 / 贫困山城巨变心曲　　　　　　　　　　　　　　李学民

162 / 山区县实现"大变样"的实践与思考　　　　　　张立群

169 / "三年大变样"　魅力新青龙

平泉县

174 / 浓墨重彩绘宏图　古城八沟铸巨变

中共平泉县委　平泉县人民政府

181 / 深入推进城镇面貌三年大变样

向全国一流特色中等城市目标迈进　　　　　　董正国

189 / "三年大变样"惠民生

宁晋县

194 / 凤凰涅　看今朝

中共宁晋县委　宁晋县人民政府

201 / 认识在变样中提升

　　　　经验在发展中积累　　　　　　　　　　　　　　孔祥友

207 / 完善城市功能　打造宜居城市

　　　　在加速推进城镇化进程中实现大变样　　　　　张栋华

213 / 宁晋城变展新颜

武安市

216 / 抓住历史机遇　坚持以人为本

　　　　强力推进城镇面貌三年大变样

　　　　　　　　　　　　　　　中共武安市委　武安市人民政府

224 / "三年大变样"催生发展新气象　　　　　　　　孟广军

232 / 在"大变样"中加速新型城镇化进程　　　　　　李明朝

237 / 武安：打造宜居家园

迁安市

242 / 在"大变样"中实现魅力钢城新跨越

　　　　　　　　　　　　　　　中共迁安市委　迁安市人民政府

250 / 在"三年大变样"中加快建设魅力钢城绿色迁安　胡国辉

257 / 全面提高城市规划建设管理水平

　　　　推动城镇建设上水平出品位生财富　　　　　　李　忠

263 / 山城绕水合有诗

张 北
ZHANGBEI

◎ 巨笔写华章　凝心谋发展
◎ 城市之变源于思想之变
◎ 城市建设从规划起步
◎ 邀来丽景满庭芳

巨笔写华章 凝心谋发展

中共张北县委 张北县人民政府

张北县位于河北省西北部，地处内蒙古高原南缘的坝上地区，平均海拔1400米，总面积4185平方公里，总人口37.2万人，其中农业人口31.2万人，是一个典型的农业大县。1994年被列为国家级贫困县，2001年被列为国家扶贫开发工作重点县，2005年被河北省确定为首批扩权县。由于受开放开发时间晚、自然条件制约等因素的影响，2008年以前，张北的城镇建设发展缓慢，城区面积不足12平方公里，人口不足8万人，县城只有一条主街道和四条断头路，机关、企业、学校、住宅"你中有我、我中有你"，功能分区不尽合理。

2008年以来，张北县抢抓城镇面貌三年大变样的历史机遇，坚持以科学发展观为指导，按照"上水平、出品位、生财富、惠民生"的要求，立足打造山、水、草、林、园融为一体的坝上区域性中心城市目标定位，以构建路网、绿网、水网为先导，以差异化为特色，以绿色生态为竞争优势，把做城市与做产业、做民生、做城乡统筹高度协调，把旧城全要素整治与新城前瞻性拓展高度同步，以前所未有的投资规模、建设速度、推进力度，实施了300多项重点工程，累计完成投资230多亿元，构建起了"八纵十横一环两立交、两河三公园一园区"的城市发展格局，城市人口由8万人增加到15万人，城市面貌发生了翻天覆地的变化，城市的集聚辐射能力显著增强，人民群众幸福指数全面提升，昔

◎ 张北风电

日贫穷、封闭、落后的旧张北成为了一座人类与自然、历史与现代和谐融合，具有现代魅力的坝上新城。张北县先后被评为"中国绿色名县""中国特色魅力县""中国最具特色十佳旅游强县"，获得了"省级文明县城""省级园林城市""河北省宜居城市环境建设'燕赵杯'进步最快奖""河北省推进社会主义新农村建设先进县""全省城镇面貌三年大变样工作先进县"等省级以上荣誉称号，并在全省、全市的"三年大变样"综合考核中位居各县区之首。

一、主要成效

（一）生态立城，城市环境质量明显改善

把生态作为最大的竞争优势，坚持差异化发展战略，大力推进以"增绿、引水、造景"为重点的生态建设工程。建成了占地2334亩的南山生态公园、占地4100亩的西郊森林公园和占地6000亩的草原公园，结束了县城无公园的历史。实施了总长23.95公里的东洋河和玻璃彩河河道治理及生态景观建设工程。完成了

12条城区道路、4条环城道路、城南立交桥等17处城区节点和4.22万亩环城绿化及3000多亩油菜花农业观光工程，城市绿化覆盖率达到了45.6%，人均公园绿地面积达到28.7平方米，通过了省级园林县城创建评审。将博天糖业、恒泰水泥等污染企业搬迁出城，实施了集中供热工程。建成并投入运营了污水处理厂和垃圾处理场，污水处理率和垃圾无害化处理率分别达到了100%、99%。城市空气环境质量达到国家二级标准。

（二）拉开框架，城市承载能力显著提高

大力实施"东拓、南延、西连、北扩"发展战略，以路拓城，完善功能。新建、改建、打通城区道路126公里，建成了城南立交桥等桥梁14座，城市框架基本拉开，土地储备大幅增加。开通了4条公交线路和市区至张北101路城际公交专线，成立了3家出租车公司，新投放出租车300辆。新建了一中、二中、三中、师范路小学、北辰路小学、成龙幼儿园，并对职中进行了扩建，完成了中医院搬迁和县医院扩模改造，建成了锦源财富时代建材城、农贸综合大市场、汇商国际等六大市场和兴和会展中心、宏昊五星级大酒店、塞那都尼斯会馆等五大酒店。建设了110指挥及技侦中心、环境监测大楼等7个行政办公服务楼。城市的承载能力和吸纳能力得到大幅提升，县城新增人口5万多人，城镇化率达到了46%。

（三）民生为先，城市居住条件大为改观

坚持以人为本和"拆为城市发展，建为百姓造福"的理念，把民生作为工作的出发点和落脚点，全力保障和改善群众居住条件。实施了五次大规模集中拆迁，完成拆迁面积160多万平方米，并对南壕堑、东关村、新村等3个城中村进行了搬迁改造，新建新民居16个。累计开发商住小区62个，总面积380多万平方米，并配建廉租住房511套，廉租房保障率达到了100%，县城人均住房面积不足15平方米的低收入家庭实现了应保尽保，实现了群众"住有所居，安居乐业"的愿望。

（四）彰显特色，城市现代魅力初步显现

立足县域山水特色，深入挖掘历史文化，彰显城市现代魅力。以史实对城市街道进行了重新命名，在南山公园建造了具有战国时代风格的"无穷之门"、文化长廊和"薪火传承、胡服革新、六代长城"等张北八景图腾柱,恢复重建了南山寺和以"张北马"为标志的"万马奔腾"城市雕塑及休闲广场。以永春大街为中轴线,建设了天地人和四面牌楼、揽胜楼,并开发建设了明清一条街、商业步行街、翰祺西街"三条"特色商业街。新建了元中都博物馆、城市展览馆、文化馆、体育馆、图书馆"五馆"和天主教堂,填补了全县无大型场馆的空白,丰富了城市文化内涵。按照"不拆即改"的原则,对10多条街道两侧1300多处建筑物实施了"穿衣戴帽"即改工程,并同步实施了"拆墙透绿""楼体亮化""强弱电入地""广告牌匾整治"等景观整治工程,打造了永春街、兴和路等精品街道。

(五)拆改结合,城市管理水平大幅提升

坚持规划引领,拆建管结合,"以拆促建、以管促变",提升城市整体发展水平。斥巨资聘请国内外一流规划设计单位,完成了城市总体规划修编、控制性详细规划和城市道路交通、绿地系统、环境保护、城市色彩、城市设计等专项规划及乡镇、村庄建设规划74项,实现了规划全覆盖。大力开展城市容貌整治攻坚行动,全面加强城市交通秩序整治,严格落实以"包卫生、包绿化、包秩序"为主的门前三包责任制。引入市场机制,将913条小街小巷的环卫保洁任务对外公开发包,实现了全天候保洁和城市管理常态化。广泛开展了"文明张北,从我做起""诚实守信张北人""感动张北""张北因你而精彩""天南地北张北人""县树、县花评选"等主题活动,提高了市民思想道德素质。

(六)以业兴城,城市经济更加繁荣

既注重"城"的形象建设,又注重"市"的产业培育,以城兴业、以业拓城,形成城市和产业的良性互动。打造了31公里的工业园区产业平台,引进了安塔塔筒风机制造、张北运达风机组装等总投资71.7亿元的19个项目入驻,实现了产业带动;建设六大市场、五大酒店,促进第三产业发展,实现了市场牵动。全县经济指标全面提速进位,与2007年相比,财政收入由2亿元增加到2009年的3亿元,2010年完成6亿元,实现一年翻番;固定资产投资由16亿元增长到132亿元,增长737%。省内及内蒙古、山西、河南、

广西等地130多个县（市）区，近两万人次先后到张北县参观考察。

二、做法及经验

（一）大胆解放思想，敢破敢立谋发展

县委、县政府立足张北县欠发达的实际，从张北的产业基础审视县情，大胆冲破思想禁锢，摒弃以粮为纲、以牧为主、以菜为业的发展模式，打破以工业化带动城市化的传统思想，抢抓"三年大变样"的历史机遇，把加快推进城镇化作为推动全局的"总钥匙"，科学提出了城市拉动战略，走逆城市化发展之路，以城市集聚要素，实现了"以城兴县、以业强县、统筹城乡、和谐发展"。

（二）整合行政资源，凝心聚力助发展

统筹使用行政资源，以城镇面貌三年大变样指挥部为核心，以城建责任目标为射线，以参建部门为节点，形成了"统筹安排、相互联系、彼此配合、

◎ 张北东洋河大桥

齐抓共建"的扁平式一体化工作机制。县四大班子领导舍小家、顾大家，经常废寝忘食，甚至通宵达旦，为全县干部做出了表率，全县广大干部群众上下同心、水乳交融，开创了新时期合力攻坚搞城建的宏大局面。

（三）推行市场运作，创新突破求发展

把城市作为最大的资本来运营，创新思路，走"城市建设市场化、资金筹措多元化、资源利用商品化、市政实施社会化"的城市改造与建设的发展新路子。一是按照村庄布局规划，结合新民居建设，清理空闲地，撤并空心村，改造城中村，置换土地，盘活土地资产。二是通过先期做好基础设施等手段，变"生地"为"熟地"，最大限度地增加土地收益；通过安插公益项目，完善功能，实现城市整体升值。三是通过给政策、让利益、顶土地等办法，项目打捆向企业借款，分期垫付向开发商借力等形式，市场运作，破解资金难题。

（四）加强队伍建设，锤炼干部促发展

在"三年大变样"工作中，全县广大干部群众坚持"干"字当头，"实"字为先，大力发扬"5+2""白加黑"连续作战、甘于奉献的精神，合力攻坚，始终做到"接受任务不讲条件，完成任务拒绝理由"，倾心竭力全身心地投入到城市建设之中，创造了"只争朝夕、以快补晚、超越常规、跨越发展"的张北速度，形成了"大干快上"的良好局面。

（五）强化质量管理，严格标准保发展

县委、县政府十分注重工程质量监管，严把"五道关口"，即市场准入、材料采购、工程监管、竣工验收和资金拨付；坚持"三个不允许"，即坚决不允许无资质的施工企业承揽建设工程，坚决不允许随意转包、分包工程等违规行为的发生，坚决不允许不合格建筑材料进入建设领域；做到了"八个百分之百"，即百分之百公开招投标，百分之百不转包，百分之百工程监理到位，百分之百不留重大质量隐患，百分之百不出重大安全事故，百分之百行政监察到位，百分之百工程预算审计到位，百分之百不出腐败案件。创造了时间短、任务重、质量高、无事故的历史奇迹。

三、几点启示

启示一：推动城镇面貌三年大变样必须解放思想。思想的解放程度决定着发展速度。"三年大变样"的过程，就是全县上下思想大解放，推进经济社会大发展的过程。新一届县委、政府领导班子以思想解放为突破口，远学浙江，近学内蒙古，敢于打破传统观念，达成了"没有做不到，只有想不到"和"只要有信心，黄土变成金"等共识。以"贫困中崛起，人气中飙升，创意中新生，逆向化发展"为主要特征的"张北现象"的形成，完全归功于"三年大变样"带来的思想之变。

启示二：推动城镇面貌三年大变样必须创新理念。理念有多新，发展路子就有多宽。我们敢于让山进城、水进城、森林进城、草原进城、庄稼进城，敢站在王府井大街上展示张北、推广张北；成功地把"世界小姐大赛""草原音乐节"这样世界级节庆、赛事拉到张北，都源于坚持"不为失败找理由，只为成功想办法"的思想，始终把理念创新作为解决问题的最好途径，特别是在破解融资难题上，摒弃完全靠财政投入、"等米下锅"的思想，强化市场化运作、多元化融资的理念，将"城市资源"作为可增值的活化资本来运营，走出了一条以城兴城的发展新路子。

启示三：推动城镇面貌三年大变样必须彰显特色。特色是城市的生命。在推进"三年大变样"中，我们始终把绿色、生态作为城市设计要素中最独具特色的内容进行规划设计，不比楼高，不比车多，凸显绿色生态的城建理念，合理布局城市工业、第三产业、居住区的发展空间和设施建设，以生态宜人，生态引人，生态赢人。在此基础上，注重挖掘深厚的历史文化，把"农牧、长城、皇家、草原"等特色文化融入到城市建设中，打造了既有时代精神又有文化底蕴的城市空间，彰显了特有的文化魅力，展露出了城市的精、气、神。

启示四：推动城镇面貌三年大变样必须改善民生。民生是最大的政治。"三年大变样"的总要求和落脚点就是惠民生。我们始终坚持以民为本，把群众的利益放在第一位，统筹城乡谋发展，顺应民心搞建设，实施了大量的民生工程，解决了群众出行难、上学难、就医难、住房难等一系列问题，改善和提升了人民群众的生活环境、生活质量和生活水平,让老百姓尽享现代文明发展的成果,提高了群众的满意度、幸福度、文明度,得到了人民群众的理解和支持。

启示五:推动城镇面貌三年大变样必须锤炼队伍。作风有多实,工作成效就有多好。"三年大变样",不仅使张北的城市面貌发生了大变化,更为重要的是凝聚了"砥砺奋进、开放创新、务实真干、放胆争先"为核心内容的"张北精神",培养锻炼了一批关键时刻拉得出、打得赢、过得硬的干部队伍,形成了转变干部作风与推进工作落实的良性互动局面。正是依靠这种精神,才干成了许多敢想不敢干的事情。

城市之变源于思想之变

李雪荣

　　一座城市的魅力来自于城市的品位和环境，城市的品位来自于建筑、文化、历史文脉、自然生态的整体和谐。如果把一座城市比作一个人的躯体，那么城市和谐的建筑就是人的整体骨架，和谐的人文关怀和历史积淀就是人

◎ 火爆的张北夏季草原旅游

的灵魂，和谐的自然生态环境就构成了人丰腴的肌体。"三年大变样"以来，我们按照省市部署，以构建路网绿网水网为先导，以差异化为特色，以绿色生态为竞争优势，以强烈的机遇意识、科学的发展谋略、崭新的开放形象、丰富的建设内涵、深厚的文化底蕴，把城镇化与做产业、做民生、做统筹高度协调，把旧城全要素整治与新城前瞻性拓展高度同步，把"三年大变样"作为欠发达地区落实科学发展观的具体实践，让一座融山水草林园为一体、宜居宜业宜游的坝上新城拔地而起，并成为"2010年中国最具特色魅力县城"之一。

两年多来，共投入230亿元，实施了300多项重点工程，构建起"八纵十横一环两立交、两河三公园一园区"的城市格局，城区面积由11.94平方公里扩大到控制面积73平方公里，城市人口由8万增加到15万。城市功能环境显著改善，项目引不来、人才留不住的状况根本改变。国家风光储输、伊利高端奶等一批大项目落户张北；风电新能源已形成完整的产业链条，跨入全国前列；特色农产品全部有了龙头企业，有效解决了农民种什么、卖给谁、挣多少的问题；叫响了"北京家门口的草原""天南有海南、地北有张北"的旅游品牌。两年多来，新建3所中学、2所小学、1所幼儿园，扩建2所医院，配建廉租房600多套，实施了集中供热、垃圾和污水处理、强弱电入地，以及博物馆、文化馆、图书馆、体育馆、档案馆建设工程，城市功能逐步完善，群众幸福指数显著提升。两年多来，以城市和产业为依托，共吸纳本县农村劳力3万多人，兴建新民居79万平方米，城乡统筹度大幅提升。在"三年大变样"的统领下，全县经济指标全面提速进位。与2007年相比，财政收入由2亿元增加到2009年的3亿元，2010年完成6亿元，实现一年翻番；固定资产投资由16亿元增长到132亿元；存贷款余额、项目投资总额连续两年位列全市第一。省内及内蒙古、山西、河南、广西130多个县（市）区、近两万人次先后来参观调研。张北已经从一座贫穷落后的边远小城，蜕变成一座科学发展、全面发展的希望之城。

回首张北的"三年大变样"，我最深的体会有四点。

◎ 上元中都博物馆

一、思路一变天地宽，张北的变，根源在于"三年大变样"带来的思路之变

思路决定出路。张北是河北省典型的欠发达地区，开放开发晚，过去曾一度以粮为纲，以牧为主，以菜为业，始终没有跳出"农"字，没有破解"穷"字。面对经济社会发展的新形势、新任务和新要求，张北转型跨越靠什么，怎样发展更科学？唯有工业化！就张北的产业基础来看，唯有打破以农业化带动工业化这种传统的发展模式，走逆城市化的新路径，先做城市，以城市集聚资金、技术和人才等各类要素，实现"以城兴县、以业强县、统筹城乡、和谐发展"。因此，河北省委在全省推进城镇面貌三年大变样，无疑成为了张北耽误不得、必须抓住的历史机遇，必须坚定不移地推进。实践证明，这种全新思维，不仅带来了城市的有形巨变，也使发展的思路豁然开朗。今天，张北产业越做越强，民生问题解决得越来越好，城乡统筹大格局初现，完全归功于"三年大变样"带来的思路之变。

二、办法总比困难多，张北的变，关键在于找准了突破制约的路径

欠发达的张北要在短期内实现巨变，面临着观念落后、资金匮乏、人才短缺、技术不足等诸多实际困难，难度可想而知。但我们坚信办法总比困难多，摒弃"等靠要"的惰性思想和"怕懒散"的工作作风，千方百计突破制约瓶颈，始终做到"不为落后找理由，只为发展想办法"，"听话、真干、务实、创新"。通过拆违拆旧、整合置换要土地，开放市场、创优环境要投资，百年规划、精致布局要格调，对标定位、丰富内涵要品质，科学谋划、纯粹做事要成效。深度挖掘并放大中都、草原、军事、长城、商道文化——育大气，敢于办中国最大的户外音乐节——聚人气，面向北京打优势牌——显底气，把差异化和特色化作为最大的梯度差，潜能变动能，资源变资本，借智、借资、借力发展，以平均5亿元的政府贷款撬动起年投入百亿元的市场，彰显了新张北的实力、活力和魅力。

三、不比条件比干劲，张北的变，本质在于张北时代精神的锤炼和凝铸

张北是苦寒地区，有效施工期不足7个月，基本上每一项工程都是和时间赛跑抢出来的。在推进"三年大变样"过程中，广大党员干部接受任务不讲条件，完成任务拒绝理由，大力发扬"5+2""白加黑"的工作作风，脱皮掉肉，苦干实干，不患得患失，有的只是"张北发展我发展"的大局意识、"有红旗就扛，有第一就争"的责任意识和"舍小家、顾大家"的奉献意识，创造了以"只争朝夕、以快补晚、超越常规、跨越发展"为特征的"张北速度"。作为班长，要求大家做到的，我自己首先做到。在张北，县级领导深夜入工棚、凌晨下工地已不是新闻；许多包联项目的党员干部更是一连数月吃住在工地上，有的干部职工带病坚持工作，涌现出难以计数的先进模范人物。过硬的作风已经成为广大党员干部的一面旗帜。而三年巨变中凝铸起的以"砥砺奋进、开放

◎ 张北工业园区内路网四通八达

创新、务实真干、放胆争先"为核心内容的"张北精神",更将成为张北发展的不竭动力。

四、老百姓是定盘星,张北的变,核心在于广大群众得到了实惠,看到了希望

"三年大变样"的最终目的就是让老百姓多得实惠,生活殷实。广大人民群众是推进"三年大变样"的坚强后盾。推进"三年大变样"过程中,我们始终把群众的呼声作为第一信号,把群众的需要作为第一选择,把群众的满意作为第一标准,做决策、建工程、办事情,坚持以群众答应不答应、满意不满意、高兴不高兴作为总要求,真心实意地为群众办实事、解难事、做好事,让群众从发展中真正得到实惠。拆迁工作中,我们坚持"拆为城市发展、建为百姓造福"的理念,依法、有情、阳光操作,保证让老百姓拆一平方米平房住得上一平方米楼房,得到了群众的充分理解和认可,共完成6次集中拆迁170多万平方米。创设环卫、园林等公益性岗位500余个,新建了5座五星级酒店、3条特色商业街、6大专业市场,为百姓搭建创业就业平台,仅回乡创业就业农民工就达数千人。同时彻底清理解决了历史遗留的拖欠工资问题。如今,张北人已彻底甩掉了贫困包袱,克服了"弄不好、成不了"的弱势心态,人民群众成为了张北"三年大变样"最坚实的动力来源。

（作者系中共张北县委书记）

城市建设从规划起步

戎均文

乘着城镇面貌三年大变样的东风,张北县两年多时间投入城建资金230多亿元,实施重点工程300多项,昔日不足12平方公里的旧城,蜕变成一座山水草林园融为一体、宜居宜业宜游、彰显现代魅力的草原新城,在全省城镇面貌三年大变样综合考核中名列第一。张北的巨变关键在于把规划视为"最大的无形资产"去运作,以思想的大解放、城门的大开放、资金的大投入激活规划大市场,把能人、高人、大师请进来,搞顶级规划、顶级设计,积极修订完善城市发展总体规划,并与土地利用规划、产业发展规划、空间布局规划相衔接,用城市规划引领了城市科学发展。

一、从建设一座什么样的城市入手,突出规划的前瞻性,量身打造城市的总体框架

张北县是国家扶贫开发工作重点县,也是全省典型的欠发达地区,产业支撑孱弱。基于这种实际,我们确立了城市化引领工业化,走反弹琵琶、逆向发展的道路。传统的先工业化后城市化发展模式,因为根在产业,城为辅助,受产业推动,城市被动发展,随意性较强的弊端也较为突出。正是吸取了其他地区的教训,又充分借鉴了其他地区的先进经验,张北县的城市建设从一开始

◎ 张北玻璃彩河新貌

就高屋建瓴，充分考虑了要素集中、布局合理和功能完善等因素，使城市建设"一草一木都具匠心、一举一动都有依据"，绝不留先天不足，绝不留百年遗憾。

我们按照建设"坝上区域性中心城市"的目标，设计城市规模为30万人口，高标准编制了县城总体规划，把县城科学划分为"生态涵养、产业集聚、商贸物流、休闲娱乐、文化居住"五大功能区，做到了城市功能分区和布局的科学、合理。以交通道路规划为指南，大力推进"以路拓城"，县城道路由不足15公里增加到143公里，拉开了"八纵十横、一环、两立交"的城市路网格局，并同步实施了管线入地，极大地拓展了发展空间，两年多完成拆迁150多万平方米，城区控制面积达到72.8平方公里，扩大近6倍，吸纳力和承载力显著提升，为长远发展搭建了总体框架。正是有了规划的科学引领，有了规划的统揽全局，有了规划对实践的具体指导，张北的城建才踏着坚定明确的脚步，向未来更加广阔的道路不断迈进。

二、把打造特色城市放在首位，凸显规划的指导性，尽情释放城市的个性魅力

一座城市的魅力来自其独特的个性，这也是城市竞争优势最突出的体现。

◎ 上图：张北西郊森林公园
◎ 下图：张北城郊绿化

我们坚持以塑造特色、彰显个性为主线，努力在放大优势、差别发展中提高规划的水准，不与大城市比楼高、比车多，就比谁的空气负氧离子含量高、谁的生态环境好。创新"山进城、水进城、森林进城、草原进城、庄稼进城"的理念，斥资近亿元，聘请清华大学、日本西曼、美国EDSA等国内外20多家高资质的设计公司，高标准编制了公园、河道、绿地、色彩等专项规划，着力打造山、水、草、林、园融为一体的特色城市。特别是在全省各县区率先开展了城市空间色彩规划，确定了城市的主色调，规范了城市建筑色彩使用，使色彩作为城市的"第一视觉"，确保城市建筑百年不掉色。

由清华大学规划设计、东方园林公司建设的南山生态公园，昔日是坟场、采石场、垃圾场的"三场"之地，如今蜕变成春可踏青、夏可避暑、秋可观叶、冬可赏雪，集生态、观赏、休闲、健身、娱乐为一体的城市综合性公园，兼具大型娱乐活动庆典中心的功能。如今，南山生态公园、西郊森林公园和城市草原公园，已成为市民茶余饭后休闲漫步的场所，在与山水美景交融的同时，也为张北没有公园、没有大型活动场所的历史画上了句号。环城的东洋河和玻璃彩河，平时断流、雨时逞威，我们聘请美国EDSA公司规划设计，把两河打造成集防洪、泄洪、景观为一体的河流体系，形成了环城飞舞的两条绿色丝带，为城市增加了灵动的气息。以建设园林县城为目标，聘请天津博雅公司编制了绿地系统规划，注重在规划中提升绿的品位，在绿地规划体系的总体框架下，使乔木与灌木高低错落、乡土树种与新特苗木相互搭配、生态树种与观赏花木相互映衬、新造林木与山形地貌相融共合，力求对每一处绿化都进行最优化配置。城区主要道路两侧绿化带宽度达30~50米，东洋河两岸绿化带宽度达150~230米，绿化总面积3700多亩。通过见缝插绿、造景栽绿、建园增绿，立体式绿化，形成了"城在绿中、绿在城中、人在园中"的园林城市景观，城区绿化覆盖率猛增到45.6%，被评为"省级园林县城"。由于我们把"绿色、生态"作为最大的竞争优势来打造，以"增绿、引水、造景"为抓手，每一个公园、每一个广场、每一个节点，每一处景观，都精心设计，在设计中打造城市建设的高品位、高标准，才形成了目前"南山为首、两河环城、四方皆景"的山水园林格局，彰显了绿色之城、生态之城、低碳之城的独特魅力。

◎ 张北天地人和牌楼

三、让无形的文化融入有形的建筑，体现规划的艺术性，精雕细琢城市的文化品位

文化是城市的气质、风骨和灵魂，是城市品位的主要标志。只有把历史文脉延续下来，把文化内涵挖掘出来，城市的品位才能更好地凸显出来。遵循这一原则，我们强化文脉存续意识，深入挖掘长城文化、草原文化、蒙汉文化、军事文化、商旅文化等地域特色文化，与城市的规划、设计、建设相结合，打造了一批富有文化特色的单体建筑，成为传承历史文化的代言者。

我们把规划设计具体到每一个单位，建设了具有战国时代风格的"无穷之门"、以"张北马"为标志的"万马奔腾"城市雕塑、以"薪火传承、胡服革新、六代长城"等为主要内容的张北八景图腾柱。在永春大街中轴线上，选取重要节点建设了揽胜楼和四面牌楼。揽胜楼融汇历史情感，聚焦城市情结，站在县城的制高点，俯身时代的最前沿，撑起了眺望的支点；四面牌楼联通东西，指引南北，为厚重历史的前行留下了坚实而闪光的足迹。在县城周边新建了"一寺一堂"（南山寺、天主教堂）和"五馆"（中都博物馆、城展馆、文化馆、体育馆、图书馆），为建筑定位、定量、定形、定调。特别是元中都博物馆，由北京大地设计公司规划设计，已成为集文物保护、考古科研、陈列展示三大功能为一体的元中都历史文化馆藏基地，也成为一个朝代的历史缩影，一个民族的历史探微，一张新张北的靓丽名片。在城市街道命名上，借助境内驰名中外的元中都遗址、张库大道；金代时期张北称作"兴和城"，曾是察哈尔省察北专署区等史实，把城市街道命名为中都大街、张库大街、察哈尔大街、兴和路等。城市的历史文化气息扑面而来，久远的历史文化成为可以触摸的真实。由于我们加强对历史、文化和人文景观的保护，经过挖掘、改造、包装和重新打造，使一座座新建文化场馆和设施，一条条承载历史元素符号的柏油路，聚合出强大的文化张力，彰显出了底蕴深厚的文化品位。

四、以实现人与城市同步发展为核心，力求规划的全面性，努力放大城市的发展成果

亚里士多德曾经这样描述城市的功能：人们为了生活，聚集于城市；为了生活得更好，而留居于城市。因此，城市建设不能陷入"立花瓶"的误区，必须充分考虑产业支撑，考虑人居环境改善，考虑城乡统筹发展。我们牢固树立"以业兴城"的理念，把主导产业规划同城市建设规划相结合，把主导产业发展与城市空间布局相结合，让产业与城市良性互动，让产业为人民造福提供源泉。聘请中国人民大学编制了《城市产业总体规划》，实施了占地31平方公里的工业园区，吸引总投资75亿多元的21个项目入驻，为培强以旅游服务业、新型能源及设备制造业、有机食品加工业、现代物流业、矿产品加工业为主的现代产业体系搭建了有力平台。我们把民生改善放在城市规划、建设、管理的核心地位，根据城市改造和建设实际需要，最大程度地满足各阶层对城市功能的需求，编制完成了供水排水、供热供气、住房建设等基础设施专项规划。实施了集中供热供气、污水处理厂和垃圾处理场建设等基础设施工程，新建商住小区62个、250万平方米，新建、改扩建学校6所，改建搬迁了中医院，扩建了县医院，城市住房、教育、医疗等基础设施布局更加合理，实现了做城市与做民生的高度和谐。我们注重城市规划与城乡发展规划相结合，促进城乡各种资源要素合理流动和优化配置，编制完成了县域村庄空间布局规划和18个乡镇的小城镇建设规划。新建"村村通"道路798公里，行政村通水泥路达到100%，新建、改建省道和县道150公里，实现了城乡交通路网全覆盖，新建16个新民居示范村，对84个村进行了村容村貌治理，农村人居环境明显改善，实现了城市建设成果向农村的有效延伸。

五、用"红线"和"绿线"引导有序建设，确保规划的严肃性，坚决维护城市的发展总纲

规划是城市建设的绝对权威，城市规划能不能落到实处，关系到城市改造和建设的成败。我们严格执行"红"线管制和"绿"线控制，坚持规划一张图、审批一枝笔、建设一盘棋，一张蓝图管到底、建到底。在规划执行上，坚持做到"三个凡是""三个不变"，即凡是城市建设项目必须符合规划，凡是调整规划的必须严格审核，凡是不按规划建设的必须坚决查处；不论领导班子怎么变，执行规划不变，城市功能分区不变，道路骨架不变，切实增强规划的刚性。在项目的审批上，坚决做到"四个不批"，即城区用地没有立项的不批，规划手续不全的不批，不符合规划选址的不批，未按规划部门进行工程设计的不批。位于永春南街的顺兴小区商业楼，三层主体框架已经建成，但占压了红线，最后对楼房进行了整体平移。为了向南延伸中都大街，进一步拉开城市框架，我们把中都大街西侧的丽都小区住宅楼拆除了一个单元。"三年大变样"以来，共拆除违章建筑、临时建筑5万多平方米。城市规划已经成为指导城市建设的指南针，成为节约城市建设成本、避免城市不合理建设的"隐形武器"。

（作者系张北县人民政府县长）

邀来丽景满庭芳

【编者按】 在城镇面貌三年大变样工作中，张北县走在了前面，成就显著，变化巨大，这已成为全市各级各界的共识，也吸引了一批又一批的参观学习者前去张北取经。无论是张北本地人，还是外地人，都为张北在不到两年的时间内发生如此之大的变化赞叹不绝。透过这种超常的现象，我们聚焦到了打造山、水、草、林、园融为一体的坝上中心城市的目标和"东拓、南延、西连、北扩"的发展战略，聚焦到业已形成的"七纵八横、两立交、两河、两园、一区"的城市发展格局，聚焦到两年累计实施城建工程100多项，100多亿元的投资总额超过了过去50年的总和；上百万棵树在张北县城发芽吐绿；城区人口增长4万多……令人叹为观止的数字。而这一切引发了我们深入的思考和探究，我们欣慰地认识到张北县城建工作的巨大成就和变化，来自于一种与时俱进、敢于打破思想牢笼的观念升华，一种志存高远、造福百姓的责任意识，一种科学发展重在突破的工作思路创新，一种众志成城不为困难所动的创业精神……这一切提升了魅力，撬动了商机，聚集了人气，推动了经济和社会发展。这一切正是值得学习和推广的张北闪光点。

"坝上县城架立交，无形河道变有形，'满城尽带黄金甲'，森林庄稼进了城，乱坟岗变成美公园，昨日断头路今朝手相牵！"谈起家乡变化，张北群众难抑心中的喜悦。

"在张北生活几十年了，现在却常常'迷路'！"

"想不到张北会建主题公园，还会让山、水、草原、森林、庄稼进城！"

"想不到五星级大饭店能在坝上张北诞生！"

张北百姓有太多太多的感慨、太多太多的期待！在张北县采访的几天里，所到之处，记者被百姓言谈中饱含的激动与希冀感染着，被深深的震撼与振奋裹挟着，被汩汩的感动浸润着，百姓如此心情，如此感动，来源于转身间丽景满"华庭"！

一、赵大哥的"打架"史

前些日子，常年在外地打工的赵立强乘坐大巴车到达张北县城，在外地奔波了一年的赵大哥盼到了回家与亲人团聚的激动时刻。由于要去东门口方向办事，赵大哥便上了一辆摩的，开始向目的地进发。时间随着摩的马达的隆隆声一分一秒过去，当司机师傅脚踩刹车告诉赵大哥目的地已到时，赵立强心头一把火顿然烧到了嗓子眼儿："我又不是外地人，你骗谁呢！"

"大哥，这确实是你要来的地方！"但任凭司机师傅怎么说，赵大哥就是不相信，激烈的语言眼看就要变成拳头上的力量，幸亏旁观群众及时为司机师傅作证。这场误会源于县城去年发生的巨大变化，赵大哥记忆中几米宽的小路现在已经很少有人走了，取而代之的是数十米宽的开阔大道，而赵大哥所到目的地的面貌现如今已颠覆了历史。

"上次出门回来，到了县城，车上几个在外地待了好长时间的老乡，直叨叨司机开车方向不对！"县广播局一位工作人员笑谈所见。

类似事情还有许多。杨科星是80后，他对记者说："我是地地道道的张北人，但有时开着车在县城绕好几圈，愣是找不着目的地，几个朋友跟我一样，也犯过类似错误，张北县短短一年多时间变化真是惊人！"

经常上坝的人对张北都不陌生，县城原来有一条主街道、四条断头路，车马摊点沿街随意而安。小巷泥泞、杂乱无序、无水无树缺乏灵动，是张北城区留给许多外来者的印象。"三年大变样"以来，张北县围绕"一年拉框架、两

◎ 万马奔腾

年上规模、三年大变样"总体建设思路,以打造山、水、草、林、园融为一体的坝上中心城市为目标,按照"生态涵养、产业集聚、商贸物流、休闲娱乐、文化居住"五大功能分区,大力实施"东拓、南延、西连、北扩"战略,基本形成了"七纵八横、两立交、两河、两园、一区"的城市发展格局,两年累计投资100多亿元,实施城建工程100多项。道路的建设,极大地拉开了城市框架,拓展了发展空间,城区面积由2008年初的11.94平方公里扩大到了现在的近50平方公里,上百万棵树在张北县城发芽吐绿、播撒生机……

二、乱坟岗变成美公园

"各位朋友,我们现在所处的位置位于张北县城南端、是在建中的南山公园,这是万马奔腾广场,这是无穷之门,这是万人庆典广场,这是历史长廊,那是问云塔,还有燕子亭、亲水平台等等;南山公园的植被是一大特色,大家看这满眼的绿树、灌木、鲜花……看到南山公园现在的宏伟场景,大家可能想象不到，这里原来集'乱坟场、采石场、垃圾场'三场于一体，现在公园虽然正在建设中，但每天早晚来这里散步、看进度的群众络绎不绝，大家很关注南山公园，对这里充满了期待！"讲解员小李的话语中溢满了对家乡的热爱。

2008年，县委书记李雪荣到当时还是乱坟岗的南山公园调研，部门人员汇报情况时无意间一句话，点亮了李雪荣灵感的火花。"张北县城附近没个观景高地，就这里高点儿，但可惜是个乱坟岗！""谁说乱坟岗不能变成观景高地，就在这里建座公园，让群众有个休闲健身的去处！"李雪荣的话斩钉截铁。之后，回忆起当时情景的县林业局局长穆飞云依然百思不得其解："李书记的想法真是出人意料，把一座乱坟岗变成公园，论谁都不敢去想！"而一年之后，气势雄浑的万马奔腾广场、广阔大气的万人庆典广场、览今阅古的无穷门、美丽优雅的问云塔、引人入胜的历史长廊……无数主题景观在这里诞生，

群众奔走相告、纷至沓来,欣赏这里的变化之美。

来者都说,张北的城市建设不是简简单单地拆旧建新、修路架桥,而是将人文关怀、历史文化、产业布局以及开放大气、提升品位的理念贯穿于城建每一个环节、每一个细节,赋予城市生机与灵动、内涵与底蕴。南北两座立交桥配合其他多条道路建设工程,使得城区道路纵横贯通、南北通衢;旱时干涸、雨来毫无泄洪能力的东洋河大胆掀起神秘盖头,展现亮丽神采,与同步前行的玻璃彩河一道踏足而歌,共同彰显张北的生机与灵动;金黄耀眼的油菜花进城前所未有,张北今夏"满城尽带黄金甲";十字路口用京剧脸谱提示行人注意安全,这放在全国来看也比较少见……对主街道两侧既有建筑进行集中整治和景观改造,规范广告牌匾、粉刷楼体,对道路两侧的标志性建筑物进行亮化,安装超大液晶显示屏,建设新三中、中医院、商住小区、垃圾处理厂、污水处理厂……数不尽的亮点美景、数不尽的奇迹工程还有更多。

◎ 张北南环立交桥

三、一年多城区人口增长4万多

巨变提升了魅力，撬动了商机，聚集了人气，推动了经济和产业发展。今年5月份，张北县招聘机关事业单位工作人员的信息一经发布，800余名大学生纷纷报名参考，其中相当一部分是外地大学生，他们被张北的速变与巨变所吸引。小胡是保定人，就读于河北理工大学，他说："得到张北公开招聘的消息后，我马上向在河北北方学院读书的哥哥咨询情况，哥哥说张北近来发展特别快，很有潜力，我就毫不犹豫地报名了。"有关部门前不久对张北城区人口做了一次调查，结果显示，一年多时间，城区人口增长4万多人。他们来张北工作、搞开发、就读，从事商业、旅游、餐饮等行业。从事房地产开发多年的董先生在张北城市建设疾步行进中觅得了商机，他所开发的小区刚开盘，就掀起了不小的抢购潮。董先生说："张北的城市建设，提升了城市品位、知名度及其潜在价值，这个城市未来的发展不可小视！"

城市是产业发展的载体，产业是城市发展的支撑。"三年大变样"不仅改变了城市面貌，更为重要的是改善了经济发展的环境。2009年7月30日，张家口市第一台风电主机在位于张北工业园区的浙江运达风力发电工程有限公司北方生产基地下线。前来祝贺的企业界人士纷纷表示，他们从张北县的巨变中看到了领导层、决策层的发展信心和决心，这更坚定了他们对未来事业做强壮大的信心。也正因为如此，大批京、津、晋、蒙的战略投资者蜂拥而至、抢占商机。据悉，仅2009年上半年，全县签约项目43个，总投资117.5亿元。最近就有总投资100亿元的国家风光储输示范项目和国家风电研究检测中心试验基地项目落户张北。"透过玻璃窗望着热闹的夜市，星星也仿佛被这里优美的夜景感染了，不停地眨着眼睛。我是从山区走出来的，张北给我的印象很深刻……不甘落后的张北，愿你变得更加美丽、更加繁荣！"这是百度张北吧里一位网友写下的感人话语。

说不完的变化、道不尽的震撼、表不够的感慨，"变"字释放着生机，激荡着活力，为张北捧出了无限期待与希冀。

（原载2009年10月13日《张家口日报》，作者 胥文秀）

肃宁
SUNING

◎ 建设新区　改造旧区　协调发展　全力推进城镇面貌三年大变样
◎ 找准定位　创新思路　加大投入　打造宜居宜业的生态型现代化明星小城市
◎ 推进城镇面貌三年大变样　打造宜居宜业现代新肃宁
◎ "三年大变样"聚人气招财气　助推全县社会经济更好更快发展

建设新区　改造旧区　协调发展
全力推进城镇面貌三年大变样

中共肃宁县委　肃宁县人民政府

肃宁县隶属沧州市，位于沧州市西部，总面积525平方公里，辖6镇3乡、253个行政村，总人口33万人。2008年全县地区生产总值完成72.6亿元，全部财政收入完成6.01亿元；2009年全县地区生产总值完成80.2亿元，全部财政收入完成7.5亿元；2010年财政收入完成10.5亿元。

2008年以来，肃宁县紧紧抓住全省实施城镇面貌三年大变样这一加快城镇化进程千载难逢的历史性机遇，把城镇化发展战略作为全县发展的三大重要举措之一。三年来，围绕三年大变样"五项总体目标"，凝心聚力，攻坚克难，先后实施重点城建工程30多项，总投入达78亿元，成为肃宁县城市建设历史上投入最多、力度最大、变化最快的三年。

一、城镇面貌三年大变样取得明显成效

（一）环境质量明显改善

一是空气质量明显改善。肃宁是全省节能减排"双三十"重点县，通过积极推广地热应用，大力拆除燃煤锅炉，目前所有新建小区全部实行地热采暖，减少了城区污染气体的排放，空气质量达到国家环境空气质量二级标准。二是

水环境和废物处置全面达标。2008年开工建设、2009年投入使用的第二污水处理厂，出水水质全部达到一级A标准；2009年开工建设、2010年投入使用的垃圾填埋场，日处理生活垃圾150吨。并全部开征了污水处理费和垃圾处理费，保证了两厂（场）的顺利运行，各项废物处置和污染物排放全部达标，彻底解决了城区垃圾污染问题。三是绿地面积大幅度增加。三年来，城市绿地面积和各项绿化指标大幅提高，建成区绿化覆盖率由2007年的6.08%提高到41.6%，绿地率由2007年的4.92%提高到37.5%，人均公园绿地面积由2007年的5.13平方米提高到12.6平方米。

（二）承载能力显著增强

一是城区路网日趋完善。2007年以前，县城路街框架为三纵三横，且多有断头路，路面破损严重，无法满足广大人民群众的正常出行需要。2008年以来，把完善城市功能，最大限度满足人民群众出行需要做为"三年大变样"的突破口。城区路街框架由三纵三横发展为七纵六横，道路交通各项设施全部规范设置，有效地改善了城市交通条件和发展环境。二是公用事业长足发展。供热方面，新开发利用地热井16眼，主要利用丰富的地热资源进行冬季取暖，城

◎ 肃宁北站广场

区所有规模小区和部分平房住宅区已经实现了地热水供暖，集中供暖率达到90%以上，达到了节能、干净、环保的供暖效果。城区供气管网从无到有，三年间新增城区供气管道21000延米，部分规模小区全部实现了天然气供应，广大居民生活实现了质的提升，全县燃气普及率达到98%以上。给排水方面，城市供水普及率达到100%，供水管道由2007年的70公里增加到150公里。排水管网总长度由2007年的48公里增加到160公里，排水管网密度由2007年的2.4公里/平方公里增加到8公里/平方公里。

（三）人居条件大为改观

一是城中村改造和旧住宅区改造取得显著成效。2008年以来，先后完成了南甘河等10个城中村改造工程，并制定了城中村改造计划，编制了改造规划，出台了相关配套政策。实施了轻工机械厂等旧住宅区改造，主要改造破旧厂房、危旧住宅，建设标准化生活区，现大部分改造工作已经完成。通过城中村改造，使长期生活在城中村的人们真正实现了由村民向市民的转变。二是大力推进高标准住宅小区开发建设，高层住宅楼首次走进了广大人民群众的生活。三年间，建成了北辰小区、融天花园、金鼎首府等高层住宅小区，进一步改善了城区人居环境，改写了肃宁县没有高层住宅楼的历史，进一步提升了城市品位和居民幸福指数，彰显了现代城市的魅力。三是全力实施廉租住房建设工程。建筑面积1.2万平方米、243套廉租房建设工程将有效地解决人均住房建筑面积15平方米以下的城市低收入家庭住房问题，促进了城市建设协调发展和社会和谐进步。

（四）现代魅力初步显现

一是城市特色得到彰显。三年来，县委、县政府不吝财，不惜力，对街道建筑、照明设施、广告牌匾、城区绿化等投入了大量的人力物力，进行重点整治改造，全部达到提升肃宁城市特色景观设施的目标要求，特别是沿街建筑景观灯设置，天地轮廓线概念走进了百姓生活，彻底改变了县城居民没有夜生活的历史，使广大群众充分享受到了以前唯有大城市独有的繁华夜景，进一步彰显了城市魅力；二是高标准规划建设、打造精品亮点工程。实施并建成了30多项城建重点工程。投资1.3亿多元的耀华商城、投资8000多万元的文化艺术中心

已投入使用；投资1.44亿元的人民公园改写了肃宁没有公园的历史，使肃宁城区大型休闲娱乐广场达到5个之多；投资1.4亿元建成的春霖大街成为肃宁一条重要的景观道路；投资1.58亿元、双向八车道的状元大道，改变了肃宁传统的道路建设三块板模式，可以说这项道路建设工程在肃宁城区建设史上具有里程碑的作用。体育馆、体育场、图书档案馆、城市规划展馆等重点城建工程正在紧张有序施工，也即将成为肃宁标志性建筑和精品工程。

（五）城市管理水平不断提升

一是全部完成城市建设规划。城市总体规划已完成法定审批程序；编制完成了绿地系统、排水系统、供电、供热等30多个专项规划和城区主干道、关键节点、标志性景观的控制性详规，为城市建设工作顺利开展奠定了坚实基础。二是城市环境明显改善。三年来，共投入资金2000多万元用于城市精细化管理。重点对垃圾乱扔乱倒、摊点乱摆乱设、车辆乱停乱行、广告乱贴乱画等"五乱"行为进行集中整治，掀起了城市容貌整治的高潮。通过大力整治，实现了城区环境的序化、美化、净化。

二、主要做法

（一）科学规划，明确城市发展目标

县委、县政府立足交通区位和特色产业优势，经专家论证，提出了"中国裘皮之都、重要交通枢纽和区域性经济文化商贸物流中心和生态宜居宜业现代化城市"的发展目标。一是创新思路，健全规划体系。规划是城市建设的龙头和纲领，决定着城市发展的目标和方向，没有好的规划，不可能建设好的城市。为此，在城镇面貌三年大变样活动开展之初，肃宁县委、县政府就如何走出一条适应形势发展要求、切合肃宁实际的发展道路进行了理性思考和专题研究。围绕新的城市建设目标，坚持增强规划前瞻性、体现规划集约性、深化规划统筹性，提出"不建则以、建必一流"的理念，开放规划市场，加快规划编制步伐，先后邀请清华、北大、同济等高校知名专家，投资2200多万元完成了县城总体规划修编、县城控制性详规编制、城市设计、30多个专项规划编制和商业中心、小白河景观带、城中村改造、重要地段修建性详规，使城市规划体

◎ 肃宁县城东出口

系更加健全、科学。二是严格规划执法，坚决维护规划"刚性"。我们成立了规划审批委员会，凡是涉及规划的项目都必须"集体研究，民主决策，集中审批"。先后制定出台了《城市规划管理实施细则》、《示范区规划建设管理规定》、《城市户外广告设置导则》、《建设用地容积率管理规定》、《间距和退地界管理规定》等15项规划技术导则和规定。加强了城建项目的规划管理，对不符合城市规划的项目坚决不予审批，对未编制控制性详规的地块决不出让、转让和开发，确保规划目标落实到位、效果到位。三年来，共办理"两证一书"204件，未出现随意变更规划强制性内容行为。同时，强化规划及规划监察工作力度。采取巡回检查、设立举报电话等方式，加大对城区违法建设行为的查处力度，维护了城市规划的严肃性，在全县组成了四个规划执法监察组，实行分片负责，严格控制。三是以完善规划功能设施为重点，加快城市规划展馆建设。为加强城市发展前景和城市建设成果的展览展示，我们投资2000万元建设了建筑面积2736平方米的规划展馆,采用了沙盘，LED屏，三维弧幕影院，

高标准的声、光、电系统等现代展示手段。

（二）以示范新区为突破口，努力提升城市建设水平

县委、县政府根据县情实际和城区特点，科学确定了"建设新区、改造旧区、协调发展"的城建"三步走"工作思路，并把2008年作为拆迁规划年，2009年作为建设管理年，2010年作为形象提升年。规划建设了5.1平方公里的城市示范新区，以县城北联西拓为契机，以服务朔黄及周边地区为主要目标，将西部示范区建设成融居住生活、商务金融、文体科技、教育培训和休闲娱乐为一体的代表肃宁城市特色形象的示范新区。高起点、高标准、高品位建设规划了状元大道等新区主干道和体育馆、体育场、人民公园、城市规划展馆、图书档案馆、小白河景观带、西部水厂、朔黄总部扩建、南甘河城中村改造等重点工程。具体工作中，注重从细节入手，严把设计审查关，设立规划设计精品库，坚持高标准、高品位、精细化。同时，深入挖掘"状元文化"，确定了"城、文、绿、水"为主题的理念，综合设计景观布局和建筑风格。一是进一步完善城市路网结构。先后投入8亿元，在新区内实施了状元大道、春霖街等9条路网建设工程。投资1.2亿元建成了大广高速公路2条连接线。新区内将基本形成"四纵六横"的路网框架。二是进一步健全城市功能。投资1.44亿元的人民公园已建成投入使用，投资3亿元的体育场、体育馆、城市规划展馆、图书档案馆即将全部完工。建设了第二污水处理厂并实施了城区污水配套管网建设工程；投资6000万元建成了日处理生活垃圾150吨的垃圾处理场；投资8650万元启动了城西水厂建设一期工程；投资1.6亿元实施了城区天然气入户工程。三是进一步改善人居环境。先后吸引社会资金50多亿元，相继建设了融天花园等10个精品住宅小区，新增建筑面积85万平米。结合新区建设，以南甘河村为示范点，实施了城中村改造示范工程，投资3600多万元的廉租房建设工程已全面铺开。四是城市形象明显提升。先后投资3500多万元实施了县城五个出入口、城区广场、街道游园等一系列绿化改造工程，新建的人民公园及20余个街头小游园全部免费开放，栽植16000多株地方标志性树种的春霖大街成为我县一条景观道路。在迎宾线各路口、大型广场、标志性建筑物全部安装了彩灯、射灯、霓虹灯，进一步增强了城市现代化气息。随着一批标志性建筑的建成和投入使用，一个环境优美、分区明确、功能完备、具有现代城市风格、展现肃宁未来城市风貌的示范性新区将初具规模。

（三）加大城市管理力度，不断提升城市形象和品位

大力推进城市管理力度，实施精细化管理，整合了规划、建设、管理三大职能，新组建了城管局、规划局和城建投资公司，建立起了适应经营城市和符合现代城市建设思想的城市建设管理体制。一是健全制度，依法治城。从2008年以来，先后制定出台了《肃宁县城市总体规划实施细则》、《肃宁县城市管理暂行办法》、《县城示范区开发建设管理办法》等一系列规章制度，做到"五个到位"，即责任分包到位、监管查处到位、标准执行到位、形象包装到位、长效机制到位，使城市建设管理真正纳入了规范化、法制化轨道。二是加大投入，提升监管水平。先后投入2000多万元，购置城管执法车辆24台，增加城市管理人员200多人，在公园、广场、商业街道设置废物箱800多个，新建和改造城区公厕8座。实现了城市管理的全覆盖、无缝隙、精细化。三是协调联动，营造氛围。城市容貌整治是城镇面貌三年大变样工作以来的重中之重，此项工作，紧靠城建部门是不够的，因此，公安、交通、电力、通讯等相关部门相互配合，协调联动，保证了此项工作的顺利开展。同时，宣传部门加强舆论引导，动员全社会力量，组织开展形式多样的教育实践活动，引导广大人民群众积极参与城市管理，特别是在提高城市居民的城市意识、文明意识上以公益广告、牌匾等形式多做宣传工作，并先后开展了以"整治市容还我干净家园"、"百日攻坚一日行"为主题的系列"整容行动"，加大执法力度，对垃圾乱扔乱倒、摊点乱摆乱设、车辆乱停乱行、广告乱贴乱画等"五乱"行为集中整治。

（四）树立"经营城市"理念，为城市建设注入新动力

搞城市建设，不能单纯依靠政府投入，应坚持走政府指导、市场运作的路子，牢固树立经营城市的理念。我们破除了"有多少钱办多少事"的唯条件论，树立了"办多少事筹多少钱"的创新理念，走多元化融资之路，有效地激活了城建"血脉"。一是招商引资。借助双"黄金十字"交通区位优势、中国裘皮之都的产业优势和朔黄铁路总部带动的资源优势，积极推行亲情招商、一

对一招商，从项目洽谈到项目落地一包到底，实行"保姆式"服务，用真诚打动客商，用实干留住客商。三年来，引进江浙、京津等地商家20多家，总投资近50亿元，参与了裘皮服装市场、耀华购物中心、商业中心、精品住宅小区建设。二是盘活资产。利用城投公司这个融资平台，利用已划转的资产抵押贷款用于急需的路网等市政工程建设。良好的环境，带来了大量的人流、物流，聚集效应让投资企业看到了商机，让群众享受到了城市发展的成果，从而吸引大量社会资金进入城市建设市场。例如河北金岛建工集团等房产开发公司相继投资10亿多元开发建设了金岛状元城和金鼎首府、融天花园等多个高档住宅小区，私立育英中学投资5000万元参与了体育场建设，长城地产公司投资3000万元建设了第三、第四实验小学等项基础设施。三年中，有超过20亿元的社会资金参与到城市建设中。实现了政府、社会、商家、群众的多赢。引入市场竞争机制，把城市的有形资产、无形资产、冠名权、广告权和经营权全部利用起来，真正让城市建设市场活起来。三是借梯上楼。通过加大跑办力度，三年来共争取国家扶持资金5.6亿元，实施了污水处理厂、垃圾处理场、县医院门诊楼、大广高速连接线等重点工程建设。

三、今后的工作

（一）积极谋划、精心部署，进一步完善新区功能

我们将重点抓好城建项目工程的前期谋划，抓好示范新区的规划、建设、管理、开发、保护五篇文章。在示范新区内新建一个行政中心、一个教育中心（示范初级中学、特教学校、文教等相关部门）、一个商业中心（包括五星级宾馆、现代化影剧院、购物广场）、游泳馆、城区小白河滨水景观带改造、新开通一条大街等一批重点项目的建设，完善示范新区功能，提升城市品位和魅力。

（二）进一步加强融资力度，多渠道筹集城建资金

一是主动与上级国土部门沟通，通过争取将用地项目列为省重点、土地复垦置换等方式，积极争取土地指标。并严格按照国有土地使用权出让程序出让土地，筹集城建资金。二是抢抓机遇，带着项目跑省进厅，跑部进京，争取上级部门资金支持。三是加大经营城市力度,通过银行贷款,盘活国有资产,出让广告权、冠名权等方式多渠道筹集资金,为城镇建设注入新的活力。

(三)进一步优化城建市场,改善城市建设理念,提高城市建设档次

不断优化城市建设环境,引用外力,借助外囊,聘请名校大院资深设计专家和资质高、实力强的建筑队伍参与我县城市建设,吸收和融合先进的规划理念和建设经验,不断提高我县城市规划水平和建设标准。

(四)严格工程管理,确保工程质量,打造亮点工程

必须严格遵守工程建设的客观规律,确保规范运作,严格管理,力争做到一砖一瓦精益求精,一边一角恪求完美,一草一木力求精品。坚持以严格的工程管理,打造出质量过硬的精品工程,同时锻炼出一支能吃苦、懂业务、会管理、高水平的城市建设队伍。

找准定位 创新思路 加大投入
打造宜居宜业的生态型现代化明星小城市

安伟华

面对省委、省政府推进城镇面貌三年大变样的战略部署和要求，肃宁县作为总人口只有33万人、城区面积只有16平方公里、城区常驻人口只有7万人的小县，如何抢抓这一历史性机遇，加快推进城镇化建设，打造一个人居和谐、功能齐全、环境优美、宜居宜业的现代城市，这是我们一直在深入思考的问题。工作中，我们始终坚持把城市建设作为一项事关肃宁长远发展的核心战略牢牢抓在手上，找准城市发展定位、创新城市发展思路、加大城市建设投入，经过三年的不懈努力，实现了城市建设的战略性突破和转变。2008年以来，先后实施重点城建工程30多个，总投入达78亿元，新增城市人口3万人，是肃宁城市建设历史上投入最多、变化最大的三年。

一、把握自身优势，找准城市发展定位

城市发展能否具有生命力，能否在激烈的竞争中尽快崛起，站在排头，关键是要把握自身优势，找准发展定位，这样既能在城市发展过程中少走弯路，降低发展成本，又能起到事半功倍的效果。为此，肃宁县委、县政府在城镇面貌三年大变样活动开展之初，把怎么找出一条更能适应形势发展、更加切合肃

宁实际的城市建设发展道路作为首要任务，在深刻把握县情的基础上，坚持走出去、请进来，先后邀请清华、北大、同济等大学和中国城市规划院的知名专家对城市发展进行战略研讨和充分论证，逐步明确了双"黄金十字"核心的交通区位优势和朔黄铁路总部带动的资源优势，这两种优势决定了肃宁既可以像石家庄一样成为一个"火车拉来的、汽车运来的"城市，也完全可以成为依托大企业、大产业发展的城市。基于对两个核心优势的把握，我们把城市建设的第一目标定位于建设区域性商贸物流中心，然后经过五年努力，把肃宁打造成为宜居宜业的生态型、现代化明星小城市，明确了城市发展定位和发展方向。围绕这一城市发展目标，我们确立了规划先行原则，先后投资2200多万元，聘请京津知名专家和设计机构，重新编制完成了县城总体规划，完成了示范新区控制性详规编制，30个专项规划编制和城区部分地段控制性详规、修建性详规，另外，从2008年开始，全面启动了乡镇总体规划和部分村级规划编制，使我县规划编制工作逐步向规范化、系统化、专业化方向推进。同时，牢固树立"规划即法"思想，严格按照各项规划推进城市建设，维护规划的刚性，保证了城市的健康、有序发展。

二、打造"示范新区"，树立城市发展新样板

推进城市建设，不能平均使用力量，而是要集中优势兵力实施重点突破。为切实解决城市盲目建设、无序建设、四处开花的问题，控制好城市建设的时序，掌握好城市建设的节奏，立足县情实际，我们确定了"建设新区、改造旧区、协调发展"城建"三步走"的工作思路，并确定2008年为拆迁规划年、2009年为建设管理年、2010年为形象提升年。在全力打好城市拆迁拆违大会战的基础上，从2008年开始，攥紧拳头、集中财力物力，规划建设了5.1平方公里的城市示范新区，努力打造一个让人民群众看得见、摸得着、功能齐全、环境优美、具有现代城市风格的城市发展新样板，从而吸引群众到新区安居乐业，进而腾空旧区，缓解旧城拆迁改造的压力，最终实现新区、旧区的协调发展。在新区建设上，我们切实转变城建理念，变线性开发、马路建设为区域开发、综合开发，严禁自地自建、零星插建、私建乱建。通过综合开发，完善功能分

区，搞好基础设施建设，进而形成整体风貌，把生地做成熟地，提升新区土地价值。2008年以来，先后实施了一批规模大、档次高的重点城建工程。一是围绕完善城市路网结构，先后投入8亿元，在新区内实施了状元大道、春霖大街等9条路网建设工程，目前，神华西路、春霖大街、状元大道已经全部开通，肃水西路、东洲西路、攀龙街、泽城西路正在施工，年内竣工通车。投资1.2亿元建成了大广高速公路2条连接线。新区内将基本形成"四纵六横"的路网框架。二是围绕提升城市品位，丰富群众文化生活，实施了"一场一园三馆"工程。目前，投资1.44亿元、占地270亩的人民公园建设工程已于2010年10月12日正式开园，它的建成，结束了我县没有一个大型综合性公园的历史，为人民群众提供了一个集休闲、娱乐、游玩于一体的大型场所；投资3亿元的体育场、体育馆、城市规划展馆、图书档案馆年内将全部完工。三是围绕提升城市形象，实

◎ 肃宁新区一角

◎ 肃宁示范新区

施了绿化亮化工程。先后投资3500多万元实施了县城五个出入口、城区广场、街道游园等一系列绿化改造工程，三年新增城市绿地10万平方米；在迎宾线各路口、大型广场、标志性建筑物上全部安装了彩灯、射灯、霓虹灯，进一步增强了城市现代化气息。四是围绕完善城市功能，实施了一批市政设施工程。投资1.7亿万元建设了日处理污水2万吨的第二污水处理厂，并实施了城区污水配套管网建设工程；投资6000万元建设了日处理生活垃圾150吨的垃圾处理场；投资8650万元启动了城西水厂建设一期工程；投资1.6亿元实施了城区天然气入户工程。五是围绕改善人居环境，建设了一批现代化住宅小区工程。先后吸引社会资金50多亿元，相继建设了融天花园、金鼎首府、金岛状元城等10个精品住宅小区，新增建筑面积85万平方米。此外，结合新区建设，以南甘河村为示范点，实施了城中村改造示范工程，另外，投资3600多万元的廉租房建设工程已全面铺开。随着一批标志性建筑的建成和投入使用，一个环境优美、分区明确、功能完备、具有现代城市风格、展现肃宁未来城市风貌的示范性新区将初具规模。

三、强化城市管理，全面提升城市形象和品位

在加快推进新区建设的同时，积极推进城市精细化管理，通过理顺体制、

完善制度、加大投入、强化管理，不断提升城市形象和品位。一是理顺城建管理体制。2009年，我们整合规划、建设、管理三大职能，完成了城建系统的机构改革，新组建了城管局、规划局和城市投资公司，建立起了适应经营城市和符合现代城市建设思想的城市建设管理体制。二是积极推进依法治城。从2008年以来，先后制定出台了《肃宁县城市总体规划实施细则》、《肃宁县城市管理暂行办法》、《县城示范区开发建设管理办法》等一系列规章制度，使城市建设管理真正纳入了规范化、法制化轨道。三是加大城市管理投入。先后投入2000多万元，增购城市管理车辆和设备，增加城市管理执法力量，实现了城市管理的全覆盖、无缝隙、精细化。四是强化管理力度。先后开展了以"整治市容还我干净家园"、"百日攻坚一日行"为主题的系列"整容行动"，加大执法力度，重点对垃圾乱扔乱倒、摊点乱摆乱设、车辆乱停乱行、广告乱贴乱画等"五乱"行为进行集中整治。

四、树立"经营城市"理念，为城市建设注入新动力

搞好城市建设，不能单纯依靠政府投入，应坚持走政府指导、市场运作的路子，牢固树立经营城市的理念，把大量的自由资金、民间资本引入到城市建设中来，只有这样，才能为推动城市发展注入巨大活力。一是用社会的钱干政府的事。坚持树立经营城市理念，吸引民间资本、外地商家参与肃宁城市建设。按照"非禁即入"的原则，积极开放城市建设市场，引入竞争机制，把城市的有形资产、无形资产、冠名权、广告权、经营权全部利用起来，有力地推进了城市建设。同时进一步完善了土地供应机制，为改变马路经济、沿路建设导致的土地资源浪费闲置、政府投入没有收益等问题，变线性开发、马路建设为区域开发、综合开发，严禁自地自建、零星插建、私建乱建，实现了政府投入、产出的良性互动循环。二是用明天的钱干今天的事。为解决城市建设资金瓶颈问题，我们进一步完善了城市投融资职能，以城市建设投资公司为投融资平台，注入1亿元政府资产，代表政府经营城市，进行投融资活动，完成城市建设各项任务。2009年以来，城市建设投资公司共完成融资2.7亿元，为加快城镇建设注入强大动力。三是用国家的钱干地方的事。及时掌握政策信息，通过包

装项目，加大跑办力度，千方百计争取政策资金支持。三年来共争取上级资金5.6亿元，先后实施了建设大街、污水处理厂、垃圾处理场、图书档案馆、县医院门诊楼等重点城建工程。

通过三年的艰苦实践，我们不仅仅实现了城市面貌的大变样，更为重要的是实现了城市建设的"六个突破"，这就是：1. 城市发展战略的突破，解决了城市发展思路问题。明确了"建设新区、改造旧区、协调发展"的城市建设战略总体思路，从而把握了城市建设的节奏、时序和步伐，实现城市建设的有序、良性发展。2. 城市经营理念的突破，解决了资金从哪里来的问题。在城市建设过程中，我们确立了经营城市的理念，由政府垄断一级土地市场，破解了城市建设的资金瓶颈，实现政府投入产出的良性循环。3. 城建体制的突破，解决了城市规划建设管理体制机制方面的障碍。按照规划、建设、管理三大职能，完成了城建体系的机构改革，建立起了适应经营城市和符合现代城市建设思想的城市建设管理新体制。4. 城市建设基础设施的突破，解决了城市功能欠账、缺失的问题。三年来，通过建设人民公园、体育场馆、城区路网等一大批城市基础设施工程，完善了城市功能，为将来城市发展奠定了坚实的物质基础，提升了肃宁人民的自豪感和幸福感。5. 城市开发模式的突破，实施区域开发、综合开发，解决了线性开发、马路建设的问题，进一步完善了城市的功能，提升了新区的整体风貌。6. 干部素质的突破，解决了城市建设管理人才的问题。三年来的城市建设实践，使我们的各级干部在城市建设方面，从思想、理念和业务素质上都有了很大的提高，锻炼、造就了一支懂城市建设、会干城市建设、能干好城市建设的干部队伍，这也是未来城市发展最为宝贵的成果和财富。

（作者系中共肃宁县委书记）

推进城镇面貌三年大变样
打造宜居宜业现代新肃宁

鞠志杰

肃宁县隶属河北省沧州市，位于沧州市西部，总面积525平方公里，辖6镇3乡、总人口33万人。2008年以来，按照河北省委、省政府推进城镇面貌三年大变样的决策部署，全县围绕"建设新区、改造旧区、协调发展"城建"三步走"的工作思路，凝心聚力、攻坚克难，力争把肃宁打造成为宜居宜业的生态型、现代化明星小城市。先后实施重点城建工程30多项，总投入达78亿元，成为肃宁县城市建设历史上投入最多、力度最大、变化最快的三年，城镇建设与经济社会发展呈现出了崭新局面。被沧州市委、市政府评为"沧州市拆迁拆违先进县市"，被省委、省政府授予"河北省城镇面貌三年大变样工作先进县"称号。

一、推进城镇面貌大变样与加速经济社会发展形成良性循环
（一）城市发展方向更加明确

通过聘请清华、北大、同济等高校知名专家和设计机构，重新编制完成了县城总体规划，完成了示范新区控制性详细规划修编、30多个专项规划编制和城区部分地段控制性详规、修建性详规。规划了5.1平方公里的城市示范新区，规划区面积达到21平方公里。确立了近期重点向西，适度向北、向南发展，远

景则重点向北发展，与毛皮重镇尚村功能对接整合，实现组团式发展的格局。

（二）现代城市魅力初步显现

三年来，县委、县政府按照"中国裘皮之都、重要交通枢纽和区域性经济文化商贸物流中心和生态宜居宜业现代城市"的发展目标，不吝财、不惜力，高品位、高标准规划建设，打造精品工程亮点工程，实施并建成了30多项城建重点工程。

（三）生态城市建设成效显著

作为全省节能减排双"三十"重点县，大力推广了地热应用、关停砖瓦窑，减少了污染气体排放。建成了污水处理厂和垃圾填埋场，城市污水处理率和生活垃圾处理率均达到了100%，彻底解决了城区垃圾污染问题。城区绿地面积和各项绿化指标大幅提高，建成区绿化覆盖率提高到41.6%，绿地率提高到37.5%，人均公园绿地面积提高到12.6平方米。

（四）城市管理水平不断提升

三年来，共投入资金2000多万元用于城市精细化管理。先后购置城管执法车辆24台，增加城市管理人员200多人，强化规划及规划监察工作力度。采取巡回检查、设立举报电话等方式，加大对城区违法建设行为的查处力度，维护了城市规划的严肃性。

（五）产业发展进一步提速

立足毛皮、纺织、印刷、电料电器、食品加工、煤炭物流等现有产业基础，重点建设"一区两园"（即工业区和电器电料园、针纺工业园）。投资8000多万元建成了工业区"四横一纵"的路网框架，率先建成了全市首家公用型保税仓库、全省首家毛皮产品质量检验站，园区功能快速完善，为产业聚集搭建了良好平台。先后被省政府确定为"省级重点产业聚集区"和"省级物流产业聚集区"。在"两园"建设上，占地3000亩的针纺工业园总体规划、勘测、设计已经完成，与北京城建十一工程公司正式签订了整体开发协议，征地工作已进入扫尾阶段；占地2100亩的电器电料工业园，目前已完成总体规划和控制性详规，已与22家企业签订了入园协议。

二、用科学发展观统率全局，以"五个坚持"加快城市发展

（一）坚持规划为先

城市空间与区域布局通盘考虑，科学确定发展战略。规划是城市建设的龙头和纲领，决定着城市发展的目标和方向。没有一流的规划，就难以建设一流的城市。我们始终重视规划的研究和确定，以科学规划引领有序建设。在发展目标上，把肃宁定位为"中国裘皮之都、重要交通枢纽和区域性经济文化商贸物流中心、生态宜居宜业现代化城市"。在规划体系上，围绕城市总体规划，编制完成了绿地、水系、路网、景观整治等专项规划和30多项专项规划，城市控制性详规实现全覆盖，村镇规划全部完成。

（二）坚持项目为基

推进城市建设，完善功能，不能平均使用力量，而是要集中优势兵力实施重点突破，控制好城市建设的时序，掌握好城市建设的节奏。我们立足县情，确定了"建设新区、改造旧区、协调发展"城建"三步走"的工作思路，并确定2008年为拆迁规划年，2009年为建设管理年，2010年为形象提升年。从2008年开始，攥紧拳头，集中财力物力，规划建设了5.1平方公里的城市示范新区，努力打造一个让人民群众看得见、摸得着、功能齐全、环境优美、具有现代城市风格的城市发展"新样板"，从而吸引群众到新区安居乐业，进而腾空旧区，缓解旧城拆迁改造的压力，最终实现新区、旧区的协调发展。在新区建设上，我们切实转变城建理念，变线性开发、马路建设为区域开发、综合开发，严禁自地自建、零星插建、私建乱建。通过综合开发，完善功能分区，搞好基础设施建设，进而形成整体风貌。

（三）坚持特色为魂

打造亮点与全面整治统筹推进，突出彰显现代魅力。高标准建设了状元大道、体育馆、体育场、人民公园、城市规划展馆、图书档案馆、小白河景观带等精品工程。占地270亩的人民公园的建成开园，改写了肃宁没有大型公园的历史。春霖大街、状元大道等路街工程全线贯通，特别是双向八车道的状元大道，改变了我县道路建设传统的"三块板"模式，在城建史上具有里程碑的意义。城市规划展馆建设工作走在了全市前列，它独特的建筑设计，传统的装修

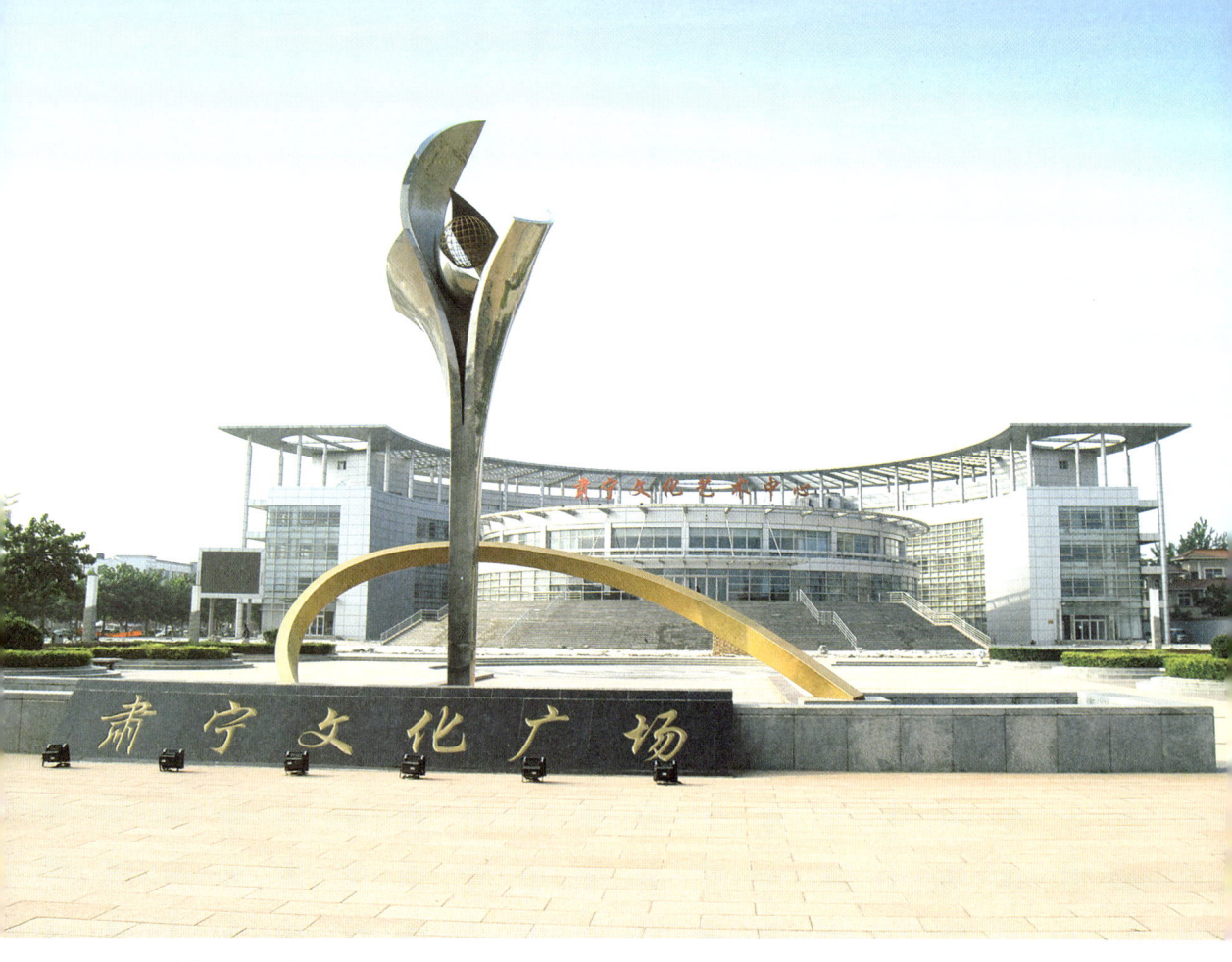

◎ 肃宁文化艺术中心

风格与现代化展示手段，充分弘扬了肃宁县的"状元文化"。

（四）坚持管理为要

严格执法与全民参与有机结合，加快改善市容环境。在加快推进城市建设的同时，积极推进城市精细化管理，通过理顺体制、完善制度、加大投入、强化管理，不断提升城市形象和品位。成立了新的城市管理局，推行精细化、标准化管理；深入开展了以"整治市容还我干净家园"、"百日攻坚一日行"为主题的系列"整容行动"，对垃圾乱扔乱倒、摊点乱摆乱设、车辆乱停乱行、广告乱贴乱画等行为进行集中整治。通过全县上下的共同努力，城镇面貌实现了质的飞跃，城区环境实现了序化、美化、净化的目标。

（五）坚持产业为本

城镇建设与产业聚集双轮驱动，强力打造发展引擎。大力实施了特色产

业兴县、朔黄拉动、城市化带动"三大战略",突出抓发展就要抓产业、抓产业就要抓项目、抓项目就要抓园区"三抓"主题,深入推进项目建设、城市建设、节能减排、改善民生等重点工作,努力打造区域性经济强县,力争跻身全省30强。

过去的三年,可以说是肃宁县变化最大、投入最多的三年,在肃宁城建史上是史无前例的。这是抢抓天时(省委、省政府的坚强领导和城镇面貌三年大变样的决策部署)、地利(独特的区位交通优势和特色产业基础)、人和(安定团结、人心思进的社会环境)机遇的结果,是县委、县政府正确领导和科学决策的结果,更是全县各级领导干部和广大人民群众发挥"状元精神"的结果。总结肃宁经验,我深切感受到,城镇面貌三年大变样是实现经济社会又好又快发展的必然要求和重要途径。总结肃宁经验,主要有以下五点启示:

(一)"大变样"的过程是理念创新的过程,必须坚持解放思想,不断激发全县上下干事创业的活力

推进"三年大变样",需要务实和稳妥,更需要胆识和气魄,需要创新的理念作支撑。在发展理念上,通过组织规划报告会、外出考察等形式,使全县上下统一了思想,形成了共识;在建设理念上,按照50年不落后的要求,确定了政府主导,市场运作,成建制开发,板块式改造,网格式建设的模式,以大拆促大建,以大建促大变;在工作理念上,敢于用超常的思维谋思路、以超常的举措抓落实。在"三年大变样"工作中,我们坚持高起点规划、高标准建设、高效能管理,争创一流,打造精品,使我县由过去一个传统的农业县,在短短三年时间里实现了天翻地覆的变化,成为全省城镇面貌三年大变样先进县。通过"三年大变样",在突破许多"不可能"的思维局限中,广大干部的思想得到了解放,本领得到了提高,这些都将成为我县的宝贵财富。

(二)"大变样"的过程是创先争优的过程,必须强化精品意识,打造一批精品工程、亮点工程

提升城市品位,完善城市功能,必须要有一批精品工程作支撑。为此,在城市建设上,我们坚持"干就干好、干就一流"的理念,高起点规划,高标准建设。在规划上,必须舍得投入,2008年以来,我们投入了2200多万元,从北

京、天津、石家庄等地聘请高资质、高水平的设计单位进行了总体规划修编，完成了县城控制性详规编制、城市设计、30个专项规划编制和商业中心、小白河景观带、城中村改造等重要地段修建性详规。注重从细节入手，大到重点工程，小到一石一树，都坚持高标准、高品位、精细化的要求。在城市建设上，先后投资8亿元，实施了9条路街建设工程，完善城市路网结构，主城区形成"七纵七横"的路网框架。投资5亿多元，建成了耀华商城、文化艺术中心、人民公园、城市规划展馆等一批精品工程，体育馆、体育场、图书档案馆等工程正在建设中，尤其是状元大道、人民公园的建成启用，可以说在肃宁城建史上具有里程碑的作用。同时，融资50多亿元，相继建设了10个精品住宅小区，新增建筑面积85万平方米。

（三）"大变样"的过程是探索发展模式的过程，必须发挥市场作用，不断扩大建设城市、完善功能的主体

搞城市建设，不能单纯依靠政府投入，应坚持走政府指导、市场运作的路子，牢固树立经营城市的理念，把大量的自由资金、民间资本引入到城市建设中来，只有这样，才能为推动城市发展注入巨大活力。我们破除了"有多少钱办多少事"的唯条件论，树立"办多少事筹多少钱"的创新理念，走多元化融资之路，有效地激活了城建"血脉"。通过招商引资，引进江浙、京津等地商家投资城市建设；以城市建设投资公司作为投融资平台，代表政府统一管理国有资产，进行投融资活动，为城市建设注入了强大动力；坚持"非禁即入"的原则，积极开放城市建设市场，引入竞争机制，把一切可以盘活的资产推向市场，把城市的有形资产、无形资产、冠名权、广告权、经营权全部利用起来，真正让城市建设市场"活"起来；积极争取国家政策支持的城市项目，实施了污水处理厂、垃圾处理场、县医院门诊楼等重点工程建设。

（四）"大变样"的过程是改善民生的过程，必须树立群众观念，把群众利益作为一切工作的出发点和落脚点

坚持建设城市就是发展民生，注重遵从群众意愿，以"民生标准"为最高标准。特别是在2008年全县拆迁拆违工作中，我县率先在沧州市推行了拆除违章违法建筑措施到位、自拆自建政策激励到位、拆除有证建筑安置补偿到位、

拆后规划建设到位、实现大变样投入到位的"五个到位"工作举措,确保群众利益最大化,使拆迁拆违工作始终有力、有序、有效推进,实现了零事故、零上访。在加快城市基础设施建设同时,强化了文化、商业、娱乐、体育、绿地、公厕、环卫等设施的规划建设,新建的人民公园及20余个街头小游园全部免费开放。建成了243套的廉租房,有效地解决了城市低收入家庭住房问题,促进了城市建设协调发展和社会和谐进步。

(五)"大变样"的过程是历练作风的过程,必须注重提高干部素质,打造一支懂城建、会城建的干部队伍

我们的各级干部在城市建设方面,从思想认识上和业务素质上都有了很大的提高,从而培养了一批懂城市建设、会干城市建设、能干好城市建设工作的领导干部,成为肃宁城市建设工作的宝贵人才。南甘河城中村改造过程中,仅用了17天的时间就基本完成整村拆迁协议签订工作;在短短的200多天时间里,人民公园的建成,彻底改写了肃宁没有大型综合性公园的历史。一个个重点工程的突破,创造了令人振奋的"肃宁速度"。

(作者系肃宁县人民政府县长)

"三年大变样"聚人气招财气
助推全县社会经济更好更快发展

【提要】肃宁县通过扎实开展城镇面貌三年大变样活动明显提升了城市品位，优化了城市环境。这种变化不仅让当地人感受到生活的美好，更让在肃宁发展的外地人居住得舒心，工作得安心，为城市发展凝集了人气，招来了财气。

28岁的杜仁政是肃宁县第一中学的一名数学老师，从吉林来这里工作已经五年了，2010年在一中小区买了房安了家也把漂泊的心定了下来。

【同期声1. 杜仁政：来肃宁几年了，感觉变化特别大，绿化很好，住的房子也都很高档，环境很好，所以工作和生活都变得舒心。】

"三年大变样"不仅给肃宁带来了年轻的人才，凝聚了发展的人气，也给肃宁带来了年轻的商人，招来了财气。

28岁的李石磊是蠡县东口村人，在肃宁裘皮城经销裘皮服装两年了，2010年他在融天小区买了新房，决定以后就定居在这里。

【同期声2. 李石磊：肃宁的环境很好。】

杜仁政和李石磊只是在肃宁发展的外地人中的两位，能够把这些年轻才俊留下来，得益于肃宁县开展的城镇面貌三年大变样活动，让城市变得宜居又宜业。

【同期声3.冯焕：这个小区的环境不错，感觉现在的生活很美好。】

30岁的冯女士在融天城市花园住宅小区购买了一套139平方米的三居室，精心装饰后她和家人搬进了朝思暮想的新家，新房子新环境让她深深感受到了新的幸福。

【同期声4.张素爱：自打公园建起来以后，我每天都和几个老姐妹来这里打打太极拳，练练太极剑，因为这里环境好，宽敞，心情自然好。】

感受到生活美好的人不仅是冯焕，58岁的张素爱自从人民公园开放以来，每天早上都会来这里锻炼身体，呼吸新鲜的空气。

好生活、好心情都源于肃宁县在城镇面貌三年大变样活动中的大动作，硬举措。

2008年以来，肃宁县紧紧抓住全省实施城镇面貌三年大变样战略，确定了"建设新区、改造旧区、协调发展"城建"三步走"的工作思路，把2008年确定为拆迁规划年，2009年为建设管理年，2010年为形象提升年。在全力打好城市拆迁拆违大会战的基础上，从2008年开始，攥紧拳头，集中财力物力，规划建设了5.1平方公里的城市示范新区，实施了路街建设工程、"一场一园三馆"工程、绿化亮化工程、现代化住宅小区工程等30多项重点城建工程，总投资达78亿元，成为该县城市建设历史上投入最多、力度最大、变化最快的三年，也是成效最为显著的三年。三年间肃宁县的环境质量明显改善。空气质量达到国家环境空气质量二级标准，截至2010年11月底二级以上天数达到320天。城市污水和生活垃圾处理率均达到了100%，建成区绿地面积由2007年的59万平方米增加到496万平方米。绿化率由2007年的6.08%提高到43.5%。城市承载能力显著提高。三年来新建和改造道路长度112公里，建成区道路由2007年的48公里增加到160公里，人均道路面积发展到80.1平方米。城区所有规模小区和部分平房住宅区已经实现了地热水供暖，集中供暖率达到90%以上。新增供气管道21000延米，燃气普及率达到98%以上，供水管道也由2007年的70公里增加到150公里。人居条件大为改观。三年间，投资15亿元建成了北辰、雨竹园等高层住宅小区，融天花园、金鼎首府、陶然小区等高层住宅小区正在建设中。这些工程改写了肃宁县没有高层住宅楼的历史，提升了城市品位和居民幸福指数。肃宁县的现代魅力初步显现，城市管理水平不断提升，一个功能齐全、环境优美、宜居宜业的肃宁新城正逐步展现在群众面前。

（肃宁电视台播出，作者 丽侠 铁楼）

魏县
WEIXIAN

◎科学发展铸巨变　众志成城谱新篇
◎实施城镇化带动战略是魏县走上科学发展快速振兴的必由之路
◎共建梨乡水城·魏都　共享幸福宜居城市
◎一个国家级贫困县的科学发展之路

科学发展铸巨变　众志成城谱新篇

中共魏县县委　魏县人民政府

2008年以来，魏县抢抓省、市开展"三年大变样"的历史机遇，以建设梨乡水城·魏都、打造冀东南区域中心城市为目标，通过实施城建"66226"路网工程、"五河一湾、五湖一源、36桥景观"水网工程，不仅使城乡面貌发生了翻天覆地的变化，而且有力促进了县域经济社会科学快速发展，得到了河北省委书记张云川、省长陈全国、副省长宋恩华等省领导的充分肯定。河北省委书记张云川同志就魏县"三年大变样"工作作出批示："该县情况可让媒体予以正面报道。"2010年12月，在全省"三年大变样"工作考核中，魏县位居全省第3名，被河北省委、省政府授予全省城镇面貌三年大变样工作先进县（市）称号，成为全省开展城镇面貌三年大变样的一面旗帜。

三年来的大规模拆迁，不仅拆出了城市发展的新空间，更拆出了全县人民建设美好家园的信心和斗志。"三年大变样"工作期间，魏县累计拆迁218万平方米，大规模的拆迁，拆出的不仅仅是城市建设的新天地，更是90万魏县人对未来美好生活的憧憬与向往。在拆迁中，广大群众舍小家、顾大家，积极配合、主动拆迁，干部群众心与心的沟通、情与情的交流，萌生的信任、理解和支持，破旧立新，建设新家园所产生的澎湃激情，成为魏县空前宏大的和谐拆

◎ 魏县神龟驮城文化公园

迁乐章中的主旋律。

　　三年来的城市道路建设，不仅拓展了城市发展的大框架，更拉近了魏县与周边城市的新时空。通过实施城建"66226"工程，魏县累计新建改造城区道路36条，打通主城区断头路12条，建设环城道路4条、46公里，城区道路由2007年的225万平方米增加到2010年的777.8万平方米，形成了城区"八纵九横"棋盘式路网，开工建设了大广高速魏县连接线，构筑了区域中心城市的雏形，结束了魏县没有环城、不通高速的历史，提高了城市交通效率，拉近了城际时空。

　　三年来的河湖水系建设，不仅把"旱城"变成了"水城"，更为居民创造了一个全新的生态环境。大力实施"五河一湾、五湖一源、36桥景观"工程，先后动土8000多万方，新建、扩挖、整修河湖18条（个），建成环城水系46公里，新建、改建景观桥和生产桥36座。在实施"引卫济魏"工程的基础上，实施了"引黄入邯"工程，跨省、跨流域成功引来了黄河水，形成9000多亩生态水面，全县地上水系灌溉面积扩大了6倍，地下水位由建国后至2007年每年下降80厘米，转而上升了3.6米，全县工农业用水每年可节约3600多万元，普惠了群众，改善了城市生态。

三年来的公园绿地建设，不仅使"土城"变成了"绿城"，更提升了人民群众对城市建设的满意度。先后建成神龟驮城文化公园等大型综合性公园12个，建成街心休闲游园24处，打造了环城46公里景观林带、长安大道10公里绿化长廊和"一河一景、一湖一品"的滨水景观节点，累计新增绿化面积1000多万平方米，实现了"300米见绿、500米见园、38平方公里绿化全覆盖"的城市绿化目标，打造了一大批群众休闲观光的好去处。2010年，魏县先后被评为全国绿化模范县、中国最佳绿色生态城市、省级园林县城等荣誉称号。县城常住人口由2007年的14万人增加到2010年的18万人，全县城镇化率由2007年的23.8%上升到2010年的43.8%，提高了20个百分点，城镇化进入加速发展期。

　　三年来的"以文兴城，创意发展"，不仅使"沉寂"的城市文化实现了"复兴"，更打造了人民群众向往的精神家园。依托魏县曾是战国时期魏国都城的历史人文渊源，深入挖掘和提炼魏县历史文脉，创办了《魏文化研究》期刊，编辑了《话说魏州》系列画册，拍摄了《话说魏州》电视专题片，注册了"梨乡水城""华夏魏都"等商标，举办了首届"梨乡水城杯"全国书法大赛和全国龙舟邀请赛等赛事活动，启动了"雕塑文化之城"规划建设工作，开工建设了墨池·礼贤台、魏祠博物馆等一大批景观标志性工程，青瓦白墙仿古改

◎ 魏县花园住宅小区

造包装9条街道、1318栋既有建筑，使沉寂百年的魏县历史文化重现光彩，增强了全县人民的自豪感和荣誉感。

　　三年来城市管理水平的不断提升，不仅助推了城市环境的明显改观，更引领了居民城市意识的不断增强。修订编制了《魏县全民教育大纲》，积极开展"伸出您的双手，扮靓梨乡水城"等主题志愿者活动，居民群众主动融入城市生活，维护城市形象。完成了858处大型标志性建筑的亮化，打造了绚丽璀璨的城市夜景；设置交通信号灯40套，建设了3个大型停车场，集中开展"城区街道容貌集中整治月""小区物业管理年"等活动，创建了洁净靓丽、规范有序的城市环境，居民群众对城市生活更加满意。2010年7月，魏县被河北省委、省政府命名为2008-2009年度文明县城。

　　三年来民生事业的迅猛发展，不仅提高了居民群众的生活水平，更使全县社会变得和谐。高水平规划建设了尚品阳光等16个现代化居民小区，结合城中村改造大力推进保障性住房工程，提升了居民居住条件。总投资5.9亿元，建设了县第三完小、四中教学楼、新中医院、新妇幼保健院等一大批教育卫生民生工程，极大地改善了全县的教育和医疗卫生条件。统筹城乡发展，启动实施了魏县新民居建设"52369"工程，先后完成46个村（社区）5180户新民居建设，全县人民群众的幸福指数和满意度大幅提升。2010年7月，魏县荣获全国"人民满意城市"称号，城乡社会更加和谐。

　　三年来优势产业的不断聚集，不仅壮大了城市发展的产业支撑，更唤起了全县上下干事创业的激情。城镇面貌的大变化，增强了魏县的吸引力，使魏县成为聚集产业项目、人流物流和资本聚集的创业热土。规划建设的魏都工业园等4个工业聚集区，新上重点工业项目596个，争列省市重点项目39个，县域经济实现了快速健康发展。总投资12.6亿元、能带动上万人就业的新正源纺织园，总投资30亿元的环嘉资源再生静脉产业园等战略支撑项目落户魏县，中国500强企业——苏宁电器、中国零售业百强企业——阳光集团等一大批知名企业纷纷进驻魏县。2010年，魏县县域经济发展在全省的综合排位两年时间晋升了20个位次，成为全省晋升位次最多的县，全县财政收入由2007年的1.41亿元增长到2010年的3.28亿元，净增长1.87亿元，年均递增32.5%，鼓舞了全县科学发展、加速发展的士气。

三年来上级领导的充分肯定和社会各界的高度赞誉,不仅使魏县提高了知名度和美誉度,更坚定了全县上下加速发展的信心和决心。三年大变样期间,中央、省、市领导89人次对魏县工作作出肯定性批示,96位中央、省、市领导亲临魏县调研指导工作,中央、省、市内刊和主流新闻媒体先后800多次刊发报道魏县的经验做法,省内外106个市县党政领导先后带队来魏县观摩,全面提升了魏县的知名度和美誉度,使全县上下坚持城镇化道路、实现科学发展的信心和决心更加坚定。

三年来的城建攻坚鏖战,不仅使魏县圆满完成了"三年大变样"的艰巨任务,更锤炼了一支作风过硬、能征善战的干部队伍。在推进"三年大变样"过程中,全县各级干部和职工接受任务不讲条件,完成任务拒绝理由,催生了以"想干事、敢干事、会干事、快干事、干实事、干好事,一不怕苦、二不怕累、三不怕难、四不怕得罪人"为主要内容的"六干,四不怕,把信送给加西亚"新时期魏县精神,干部职工的作风得到转变,能力得以提升,成为魏县有形大变样背后的无形大变样。

开展三年大变样工作,是县委、县政府认真贯彻落实河北省委、省政府和邯郸市委、市政府决策部署的生动实践,是对贫困县践行科学发展观的有益探索。

一、坚持责任至上,敢于担当,在全省县一级率先启动"三年大变样"工作

(一)抢抓机遇,勇于担当

2008年,面对奥运安保的重大政治任务和魏县的特殊县情,刚刚调整的魏县县委、县政府主要领导认为,城镇面貌三年大变样为贫困县加快推进城镇化、工业化提供了难得的历史机遇,作为县一级党委、政府,在贯彻落实河北省委、省政府决策部署上必须毫不动摇,迅速贯彻落实。

(二)统一思想,凝聚合力

针对魏县经济基础薄弱、社情比较复杂的县情,县委、县政府迅速召开县

四套班子会，统一思想，指出，就稳定抓稳定，早晚会不稳定；因担心出事而不干事，早晚会出大事；只有把干部群众的精力引导到干事创业的实践上来，才能最大限度地消除不稳定因素，减少"无事生非"成分，实现真正意义上的稳定。

（三）科学定位，及早启动

立足中国鸭梨之乡和县城周边有荒废河渠的生态优势，千年古县和战国时期魏国都城的历史人文优势以及地处冀鲁豫三省中等城市辐射交汇中心的区位优势，魏县确立了建设梨乡水城·魏都，打造冀东南区域中心城市的"三年大变样"工作定位。2008年7月3日，召开了高规格的全县"三年大变样"工作动员大会，在全省县一级率先启动实施了"三年大变样"工作。

二、坚持更新理念，高端规划，努力建设梨乡水城·魏都，打造冀东南区域中心城市

2008年以前，县城规划控制区仅为13.7平方公里，城区10余条街道都是断头路，交通拥挤、出行不便。为此，县委、县政府坚持规划引领，一改"泥瓦匠"搞建筑为"艺术家"建城市，聘请清华大学、同济大学等10多家国内一流规划设计单位，为城市建设"量身定衣"，进行高端规划，确保各项工程经得起历史的检验。

（一）以超前的理念做规划

编制了《魏县城市总体规划纲要（2008—2020）》，将城市规划控制区面积由13.7平方公里扩展到38平方公里，人口由14万人规划到36万人。同时，将县城周边的魏城镇、德政镇等5个乡镇纳入中心城区范围，同城化规划、一体化发展。

（二）以特色的理念做规划

路网上，规划实施以"六纵通北环、六横达西环、建好两环城、新建两干线、扮靓六个口"为主要内容的城建"66226"工程，着力开路拓城，拉大城市框架。水系上，规划实施"五河一湾、五湖一源、36桥景观"工程，着力打造城市滨水景观。文化上，以弘扬魏文化、龙文化为主题，规划设计了墨池·礼

贤台、神龟驮城文化公园等一大批具有历史文化魅力的城市景观工程。同时，与全国城雕委联合，着力打造梨乡水城·魏都雕塑文化之城。

（三）以精品的理念做规划

高标准编制城市控制性详细规划，对每一项工程，按照"现在的经典，未来的文物"的理念进行规划。在河北省组织的2010年农村新民居建设示范村规划评优活动中，魏县水上新民居规划荣获一等奖第一名。

（四）以统筹的理念做规划

统筹新民居建设，将全县21个乡镇、1个街道办、561个行政村规划为122个中心村（社区）和1个梨乡水城·魏都示范区；统筹产业发展，确立了"一极三区、一带六线"产业发展规划；统筹民生事业，确立了打造冀东南区域文化教育、医疗卫生中心目标。

三、坚持以人为本让利于民，以"四个到位"实现和谐拆迁

坚持以维护最广大人民群众的根本利益为出发点和落脚点，努力把城市拆迁过程作为构建和谐社会的过程，在拆迁中坚持做到"四个到位"：

（一）让利于民到位

制定了《魏县道路冲占土地和房屋拆迁补偿安置暂行规定》，及时兑付拆迁补偿安置费，结合城中村改造建设安置小区，积极开发城镇就业岗位，优先解决拆迁户就业和住房安置问题，确保"拆迁群众不失居、失地农民不失益、失地农民不失业"。

（二）舆论宣传到位

在主要街道悬挂标语，在县电视台和县周报等县内主要新闻媒体开辟专栏，宣传拆迁部署，报道拆迁动态，表扬拆迁先进典型，形成了铺天盖地的声势。

（三）基层党组织作用发挥到位

推行以"村党支部成员联系党员、党员联系群众、由村支部党员大会研究解决问题"为主要内容的"两联一会"聚力机制，充分发挥基层党组织和党员作用，促进了拆迁的顺利进行。

◎ 魏县墨池·礼贤台

（四）各级领导干部"一线工作"到位

推行县乡领导干部"两下访、一深入、三帮助"信访"213"制度，深入拆迁一线掌握社情民意，帮助群众解决问题，促进了社会的和谐稳定，先后创造了"魏县13天拆迁"现象和"魏县拆迁速度"，为全县各项工程顺利建设营造了良好环境。

四、坚持解放思想，转变观念，以经营城市开辟城市建设多元化融资渠道

魏县是典型的"要饭型财政"，为圆满完成总投资百亿元的169项重点工程，县委、县政府坚持把解放思想贯穿于"三年大变样"的全过程，努力以政策撬动银行资金、吸引社会资金、激活市场资金、捆绑项目资金，走出了一条"以城建城、以城养城、滚动发展"的路子。

（一）公司化融资，变"存量资产"为"增量资产"

立足盘活存量国有资产，相继组建了注册资金3亿元的4家投资公司，为城

市建设成功融资96亿元。

（二）社会化融资，变"民间资本"为"城建资本"

采取改造和开发同步推进的策略，将主城区设施破旧的育才街和洹秦巷改建为魏州步行小吃街和文化用品一条街，临街建设商业门店两万多平方米，累计吸引社会资金7000多万元。

（三）招商化融资，变"县外资金"为"县内资金"

以项目的形式将城建工程"打包捆绑"、精心包装，2010年9月举办的"首届房地产发展论坛暨房地产项目开发招商洽谈会"，12家省内外房地产开发商签约了总投资达70亿元的城建重点工程。

（四）项目化融资，变"上级资金"为"本级资金"

以不改变基础设施建设项目资金用途为前提，优化组合，捆绑使用，累计使用上级项目资金6亿多元。

五、坚持建管并重，强化管理，以"四个结合"全面提升城市形象

围绕打造独具特色的梨乡水城·魏都，建设冀东南区域中心城市，坚持"四个结合"，不断提高城市综合管理工作水平。

（一）加快建设与加强管理相结合，实现无缝对接

按照"谁建设、谁负责"的原则，要求各施工单位对在建工程加强日常维护管理，直至工程竣工验收，整体移交相应部门，明确了"三年大变样"在建、新建工程的管护责任，消除了城市管理真空。

（二）日常管理与集中整治相结合，确保管理效果

修订完善城市综合管理办法，对分包责任人定任务、定管理标准，对部分脏乱差地段和群众反映的突出问题集中开展专项整治，提升了城市综合管理水平。

（三）严格管理与宣传教育相结合，增强居民城市意识

在加大违规违章等不良行为惩戒力度、形成警示效应的同时，及时宣传城镇管理新举措，引导广大市民增强城市意识，养成良好习惯。

（四）财政投入与市场运作相结合，活化管理形式

学习先进的城市管理经验，按照市场化的理念，通过拍卖城市街道广告权、保洁项目等方式，筹措城市管理经费，降低城市管理成本。

六、坚持完善体制，创新机制，凝聚开展"三年大变样"的强大合力

两年多时间，169项重点工程，工期的紧张前所未有。为圆满完成"三年大变样"的各项工作任务，县委、县政府坚持创新机制，营造攻坚态势，将开展"三年大变样"作为检验全县干部工作能力的主战场，全力保障各项重点工程顺利竣工。

（一）实行县领导分包重点工程责任制

推行"一项工程、一名县领导、一套班子、一个方案、一包到底"责任制，对城建重点工程"定指挥长、定责任人、定工作量"，强化了县级领导干部在"三年大变样"工作中的责任。

（二）实行指挥部"自由组阁制"

打破县直部门分工界限，让分包项目的县级领导自主确定城建重点工程牵头部门和建设单位，"自由组阁"组建专门工程指挥部，集中了优势兵力。

（三）实行"干部绩效记账制"

把后备干部、新提拔干部安排到"三年大变样"一线挂职锻炼，将其工作表现计入档案，作为提拔、重用的依据，激励各级干部挑重担、显身手。

（四）实行"一线工作制"

要求各分包工程的县级领导干部身先士卒、率先垂范，走出办公室，与承办部门负责人深入工程施工现场，督导工程进展，解决存在问题，确保了全县"三年大变样"工作全面胜利、完美收官。

实施城镇化带动战略是魏县走上科学发展快速振兴的必由之路

齐景海

魏县位于冀、豫两省交界，总面积862平方公里，人口90多万人，是河北省人口大县、国家扶贫开发工作重点县、中国鸭梨之乡、千年古县。

2008年5月以来，魏县抢抓河北省开展城镇面貌三年大变样的历史机遇，坚定不移地贯彻落实河北省委、省政府的决策部署，大力实施城镇化带动战略，集全县之力建设梨乡水城·魏都，不仅使城乡面貌发生了翻天覆地的变化，而且带动了县域经济快发展、民生事业大改善、干部作风大提升，开创了魏县历史上经济社会发展最好最快的时期。在全省"三年大变样"考核评选中，魏县以总分第三名的成绩荣获全省先进县称号。在2008-2009年全省县域经济发展综合评价中，魏县晋升20个位次，是全省140多个县（市、区）中晋位最多的县。魏县先后荣获全国绿化工作模范县、全国人民满意城市、中国最佳绿色生态城市、省级园林县城、省级文明县城等荣誉称号。魏县的梨乡水城·魏都建设、新民居建设、基层党组织建设、党风廉政建设、信访稳定、土地流转等工作，受到中央和国家领导胡锦涛、温家宝、李长春、周永康、回良玉、李源潮、李建国，省领导张云川、陈全国、梁滨、臧胜业、聂辰席、王增力、宋恩华、孙士彬，市领导崔江水、郭大建等160多人次的肯

定性批示。新华社、《人民日报》、中央电视台、《河北公报》、《共产党员》等中央、省、市主流新闻媒体和内刊对魏县工作宣传报道980多篇。省内外140多个县（市）组团来魏县观摩学习。梨乡水城·魏都的城市品牌在全省乃至全国喊响叫亮。

一、实施城镇化带动战略，建设梨乡水城·魏都，迅速拉开了城市框架，提升了城市功能，为全县科学发展、快速振兴搭建了良好平台

2008年5月，县委、县政府主要领导调整后，通过深入细致的走访调查，客观分析人口大县、工业小县、经济欠发达县的县情，深刻认识到：城市是二三产业发展的平台，魏县城镇化率低，特别是县城建设严重滞后，已经成为制约魏县科学发展、快速振兴的主要问题。作为人口大县，魏县大量外出务工经商人员有强烈的返乡安居和创业的愿望。因此，必须先把城镇做起来，以城镇化带动经济社会发展，这样一可改善投资环境，吸引本县和外来客商；二可顺应人民群众过上幸福生活的新期待。基于此，我们抢抓河北省开展城镇面貌三年大变样的难得历史机遇，坚持把"三年大变样"作为管全局、管长远、管本质、管发展、管民生的重大战略。面对奥运安保的严峻形势，勇担风险、果断决策，在全省县一级率先启动了"三年大变样"工作。为突出特色，充分发挥魏县是中国鸭梨之乡、千年古县和邯郸东部生态水网建设重点县、战国时期曾是魏国都城等自然生态文化资源优势，把县城定位为梨乡水城·魏都。三年来，累计投资近100亿元，完成"66226"工程、"五河一湾、五湖一源、36桥景观"工程和"九个一"工程。县城规划区面积由13.7平方公里扩大到38平方公里；新建道路36条，总长128公里，是新中国成立以来50多年总和的3倍。其中，投资5.8亿元，建成了新定魏线，投资2.7亿元建成了跨漳河特大桥，实现了魏县人民多年来的夙愿，大大缓解了漳河两岸交通瓶颈制约。开工建设了大广高速魏县连接线，结束了魏县不通高速公路的历史。开挖疏通河湖18条（个），建成环城水系46公里、桥梁36座，形成生态水面9000多亩，地下水位由2007年以前每年下降0.8米转而上升3.6米，扭转了地下水超采、漏斗区逐步扩大的趋势。县城人口由2007年的14

万人增加到20万人，全县城镇化率达到43.8%，比2007年高出近20个百分点。一座"生态环境优美、城市功能完备、文化特色鲜明、产业活力十足"的中等城市框架已初步搭就。在建设梨乡水城·魏都的同时，魏县坚持统筹城乡发展理念，编制了《魏县"1+5"规划大纲》，将县城周边的5个乡镇纳入城乡一体化发展范围，构筑"1+5"发展格局，基础设施共享共用。积极开展县乡机关大院规范化建设和乡容镇貌集中整治活动，乡镇面貌焕然一新。大力实施新民居建设"52369"工程，深入推进新民居建设，累计投入8.1亿元，全面启动省市46个示范村建设，已建成新民居5180套。魏县由过去屡屡遭投资商白眼的落后县城，迅速转变为备受投资商青睐的宜居、宜业、宜商、宜游的梨乡水城·魏都。

二、实施城镇化带动战略，建设梨乡水城·魏都，从根本上推动了经济发展方式转变，加快了生产要素和产业聚集，促进了县域经济又好又快发展

建设梨乡水城·魏都生态城市的定位，为全县经济发展方式转变确定了方向，使发展绿色低碳经济成为必然选择。我们在加快推进城镇化的基础上，坚持把城市作为产业集聚的平台，把产业作为城市繁荣的支撑，围绕建设生态城市的目标，加快绿色低碳产业聚集，推进县域经济又好又快发展。

（一）大力发展低耗能、低污染、劳动密集型工业

在县城重点规划建设18平方公里的魏都工业园，在城外规划建设三个全民

◎ 魏县魏源桥

创业聚集区，重点发展纺织服装、农产品加工、糖食品加工等优势产业，坚持高污染、高耗能、高耗水项目一个不上。目前，四个园区已累计入驻项目156个，投产企业120家。其中，总投资12.6亿元的新正源纺织有限公司全部投产后，可提供工作岗位6000个，年创利税5.5亿元。

（二）加快培育生态文化旅游产业

在梨乡水城·魏都建设过程中，深入挖掘魏文化、梨文化、龙文化、水文化和现代文化，规划建设了礼贤台·墨池、神龟驮城文化公园、魏祠博物馆、文化艺术中心、勤政源等一大批文化景观标志性建筑。与中国城雕委联系合作，正在规划建设文化雕塑之城。规划建设了梨花精品旅游区、梨园度假村、环县城生态旅游带等一大批生态旅游项目。成功举办了全国首届"梨乡水城·魏都杯"书法大赛和龙舟邀请赛。连续十年成功举办梨花节，尤其是2010年第十届梨花节，吸引全国各地游客达126万人次，带动相关产业收入6000余万元。

（三）大力发展商贸物流业

利用人口大县和地缘区位优势，累计投资4.86亿元，建成了天仙果菜、天龙建材、汽配城等十大专业市场。连续两年举办糖酒食品暨家电产品展销会。2010年，十大市场吸引商户1.8万个，交易额90亿元。梨乡水城·魏都建设带来了全县产业结构大调整和经济发展方式大转变，全县经济实力跃上新台阶。2010年，全县全部财政收入完成3.28亿元，与2008年相比，两年翻了一番；全县城镇居民人均可支配收入和农民人均纯收入分别达到10280元、4360元，年均增长10%以上。

三、实施城镇化带动战略，建设梨乡水城·魏都，改善了人居环境，带动了社会事业大发展，极大地提高了人民群众的幸福指数

"三年大变样"的最终目的是让人民群众更多地享受到改革发展的成果。为此，我们在梨乡水城·魏都建设过程中，始终把关注民生作为重中之重的工作，大力发展社会事业，提高了人民群众幸福指数。

（一）努力打造生态宜居中心

新建大型综合性公园10个、街心游园36个。累计植树260万棵，新增绿化

面积720万平方米。高标准亮化城区16条街道和36座景观桥。建成现代化居民小区9个和一批保障性住房。投资1亿多元建成了污水处理厂和垃圾填埋场。2010年，空气质量在二级以上的天数达到320天以上。城区供水普及率达到100%，集中供热普及率达到57.6%。县城承载能力大幅提升，人居环境大为改善。

（二）积极打造冀东南区域教育中心

累计投资3.8亿元，改建县一中、县二中、县四中等中小学86所，新建第三完小等标准化学校19所。狠抓教育改革，提升教育教学水平，高考、中考成绩稳定步入邯郸市前列。2010年，全县高考一本、二本、三本和本科增长率均居邯郸市第一，全市高考总结表彰会在魏县召开，吸引周边县生源纷纷来魏县就读。

（三）加快打造冀东南区域医疗中心

投资2.7亿元新建改建县医院、中医院、妇幼保健院、县第二医院，改扩建乡镇卫生院21个，创建标准化卫生室480个。通过组织医生外出进修、联合办院等方式，医疗水平大幅提升，缓解了群众看病难、看病贵的问题。

（四）大力发展体育、广电、计生、民政等社会事业

全县投入民生领域的资金创建国以来新高，促进了社会事业快速发展。魏县先后荣获全国群众体育工作先进单位、全国民政工作先进县、全国老龄工作先进县、国家级计划生育优质服务先进县、国家级食品安全创建示范县等荣誉称号。

四、实施城镇化带动战略，建设梨乡水城·魏都，锤炼了干部作风，提高了全民素质，使全县呈现出崭新的精神风貌

城市的文明进步是城市现代化的最重要标志，城市现代化必然要求干部作风、市民素质与之相适应。"三年大变样"不仅实现了城变，而且促进了人变。在梨乡水城·魏都建设过程中，我们积极引导全县党员干部群众团结奋战、奋勇争先、解放思想、克难攻坚，用自己勤劳的双手建设美好的家园。坚持定期不定期组织全县干部职工参加义务劳动，节假日城建、新民居、项目建设等重点工程不停工，促进了作风转变。全县广大党员干部和群众以魏县发展为己任，顶风雪、战严寒，冒高温、斗酷暑，拼搏实干，锤炼形成了"六干，四不怕，把信送给加西亚"新时期魏县精神，这已经成为魏县一笔宝贵的精神财富。同时，着眼于提升居民素质，促进农民向市民转变，开展了"伸出您的双手、扮靓梨乡水城"等一系列活动，大力培育居民的城市意识。此外，以实施德孝工程为突破口，深入开展全民教育。采取群众喜闻乐见的形式，促进全民教育进农村、进社区、进学校、进机关，增强群众爱党、爱国、爱家乡观念，大力弘扬"勤劳勇敢、重信尚义、感恩包容、孝亲敬老、礼让贤达、履职尽责、开放进取"的新时期魏县人文精神，有效地改善了党风，转变了政风，净化了社风，淳化了民风。

  魏县的实践充分证明，河北省委、省政府作出的城镇面貌三年大变样的战略决策是十分英明、十分正确的，在一个国家级贫困县是完全能搞好城镇面貌三年大变样的。魏县抢抓这一难得的历史机遇，大力实施城镇化带动战略，有力地促进了全县经济社会快速发展，走出了一条以城镇化带动工业化、促进现代化的科学发展、快速振兴之路。

（作者系中共魏县县委书记）

共建梨乡水城·魏都　共享幸福宜居城市

殷立君

以科学发展观为指导,积极稳妥推进城镇化,不断释放城镇化在扩大内需中的巨大潜力,惠及广大人民群众,是一项长期艰巨的历史任务。魏县位于河北省最南端,是河北省人口大县、农业大县,也是经济欠发达县。开展城镇面貌三年大变样工作过程中,魏县紧紧围绕建设梨乡水城·魏都、打造冀东南区域中心城市的目标,牢牢把握以人为本这一核心,把提高群众生活水平和幸福指数作为重要标准,大力实施城镇化带动战略,着力打造舒适宜居之城、繁荣宜业之城、精神富足之城,团结带领人民群众共建共享城市建设成果。

一、围绕建设梨乡水城·魏都,打造舒适宜居之城

加快城镇化建设应以改善生态环境和居住条件为重点,加强环境设施建设,大力提高人民群众对现实生活的幸福感。

创建生态文明是科学发展观的内在要求,改善生态环境和居住条件是坚持以人为本的重要体现。只有把城市建设成环境优美、生活舒适的居住地,才能让人民群众共享城市文明成果,这也是城镇化建设的根本目的。在加快城镇化建设过程中,魏县高度关注民生,以建设梨乡水城·魏都,打造冀东南区域中等城市为目标,大力实施"五大工程",着力为居民提供均等化的基本公共服务和便利化的设施,建

◎ 魏县玉泉河夜景

设方便快捷、舒适宜居的幸福之城。

（一）实施路网工程，畅通城市交通

围绕打造人民满意的城市交通路网，实施了以"六纵通北环、六横达西环、建好两环城、新建两干线、扮靓六个口"为主要内容的城建"66226"工程，对老城区街道和人行便道全部实施翻新改造，打通主城区12条"断头路"，新建改建道路36条、128公里，其中，新建环城景观大道4条，建设了大广高速魏县连接线、邯大高速、新定魏公路等城际高速路，结束了魏县"不通高速、没有环城"的历史，构筑了便捷通达的"八纵九横"棋盘式城市交通路网，搭就了38平方公里的区域中等城市框架，拉近了魏县与周边中等城市的城际时空。

（二）实施水网工程，打造碧水蓝天

围绕建设人民满意的城市生态，以清淤治污、调水补源为重点，实施"五河一湾、五湖一源、36桥景观"工程，开挖河湖18条，建成了河河相连、湖湖相通、河湖贯通的县城水网，上游一个进水口、下游一个出水口，形成了9000

多亩循环、流动的生态水面，建设了一批滨水景观节点。同时，实施了跨省、跨流域调水的"引黄入邯"工程，并顺利实现了通水，涵养了水源，修复了生态，创优了水生态环境，"旱城"变"水城"、臭水变碧水、河湖变靓景，打造了冀东南区域生态高地。

（三）实施绿化工程，构筑生态屏障

围绕打造特色彰显的园林城市，依托20万亩梨园的生态优势，突出梨乡特色，实施了"266"园林绿化造景工程，沿县界和县城规划区界、六条干线公路建设景观林带，在农村建设600个绿化片林，构建绿化大环境。运用艺术家建城市的理念，精心建设神龟驮城文化公园、勤政源、孔融让梨文化公园、长安大道景观林带等公园游园和绿化长廊，打造"300米见绿、500米见园、38平方公里绿化全覆盖"的生态园林城市。2010年，魏县先后被评为全国绿化模范县、中国最佳绿色生态城市、河北省园林县城。

（四）实施安居工程，改善群众居住条件

结合保障性住房和危房改造工程实施，加快皇小庄、三田、大北关等城中村和城乡危房改造，规划建设魏都新城、博望小区、凤荷园等规模住宅小区，满足各阶层群众的住房需求，创造居民群众舒适的居住环境。

（五）实施保障工程，让人民共享发展成果

健全完善医疗保险、养老保险、职工生育保险等城市社会保障和社会救助体系，实施县城10所学校、5所医院提升工程，投资5.9亿元，建成新中医院、新妇幼保健院、县第三完小、职教中心实训楼、四中教学楼等教育卫生基础设施，为县城居民创造了优质的教育、医疗卫生条件。2010年，魏县被评为全国"人民满意城市"。

二、围绕建设梨乡水城·魏都，打造繁荣宜业之城

加快城镇化建设应以增加就业机会和增强发展后劲为重点，促进产业和财富聚集，大力提高人民群众对未来发展的自信感。

协调推进工业化、城镇化和农业现代化，形成城乡经济社会发展一体化新格局，是中央作出的重大决策部署，也是县域经济社会发展的方向。围绕建设

活力十足的梨乡水城·魏都，加快城乡统筹发展步伐，魏县大力实施城镇化与工业化"双轮驱动"战略，不断增加群众就业机会，努力让更多的人眼前有钱赚、长远发展有保障，增强人民群众对城市发展的决心和对未来发展的信心。

（一）繁荣商贸服务业，加快城镇人口集聚

围绕为经商创业者创造更多的机会和发展空间，引进现代物流的发展理念，改造繁荣天仙果菜、天龙建材、飞翔机动车等十大专业市场，新建了汽配城、振乾物流等物流园区，增强市场的辐射带动能力，繁荣商贸物流业，带动餐饮、会展等三产服务业，积极开发城市道路、绿化管护、城区保洁、单位保安等公益性岗位，增强劳动就业的吸纳能力。统筹城乡就业，强化县、乡、村三级劳务就业服务职能，发展劳务循环经济，引导农民向城镇有序集聚，变农民为市民，变"农田劳作"为"车间生产"。"三年大变样"期间，魏县城区新增企业商户9000多户，新增相关从业人员6万余人。

（二）建设新民居，繁荣新农村

将新民居建设作为统筹城乡发展、调整农业产业结构的重要举措。按照"节约、集约"的原则，优化镇村空间布局，将全县561个行政村规划为122个中心社区和1个梨乡水城·魏都示范区，开工建设桃花岛·水上人家等兼具居住和商业功能的新农村。同时，激活土地要素，充分利用魏县是全省土地流转试点县、土地流转工作基础扎实的优势，加大农村土地流转有形市场建设力度，扶持发展一批种植大户，提高土地产出率，扩大土地规模经营效益，改造和优化农业产业结构，促进农村繁荣。

（三）加快产业聚集，增强县域经济实力

坚持"以产兴城、以城带产"，规划建设了魏都工业园和回隆糖食品、张二庄再生物资、双井农产品加工3个全民创业聚集区。以聚集区为平台，重点推进总投资12.6亿元的新正源纺织园、总投资11亿元的木材加工聚集项目、总投资30亿元的河北环嘉资源再生静脉产业园等兴县立县的战略支撑项目，培育壮大纺织服装、资源再生利用、农林产品加工、糖食品加工等支柱产业，让进城农民端上了"新饭碗"，"三年大变样"期间，魏县新增企业用工8万余人。结合梨乡水城·魏都生态秀美自然景观、历史人文景观，推进金龟湖度假村等旅

◎ 魏县孔融让梨文化公园一角

游项目建设，打造冀东南区域休闲、度假、旅游胜地，培育发展生态文化旅游业，为聚集城镇人口，建设宜居、宜业城市提供产业支撑。2010年，魏县县域经济发展在全省的综合排位两年时间晋升了20个位次，成为全省晋升位次最多的县，全县财政收入由2007年的1.41亿元增长到2010年的3.28亿元，净增长1.87亿元，年均递增32.5%。

三、围绕建设梨乡水城·魏都，打造精神富足之城

加快城镇化建设应以提升文化品位和弘扬人文精神为重点，着力构建和谐文化，大力提升人民群众对共享精神家园的光荣感。

城市文化是塑造城市形象的核心，决定着一个城市经济社会发展的潜力和后劲，对于提升城市品位、彰显城市个性、增强居民自豪感、提升城市核心竞争力具有十分重要的作用。魏县是千年古县，战国时期魏文侯在魏县建立都城，礼纳贤士，称雄中原，两千多年生生不息的魏文化赋予了城市新的内涵和精神。围绕建设文化魅力十足的梨乡水城·魏都，在城镇化建设中，魏县坚持把挖掘历史人文资源作为提升城市文化品位、塑造城市人文精神、提升城市文明程度的重要举措，以文化建设成果丰富人民群众的精神文化生活，构筑了魏县人民群众的精神家园，增强了人民群众新的文化凝聚力和感召力。

（一）以标志性工程凝聚人文精神

坚持以文化滋养城市，深入挖掘和提炼魏县历史文脉，建设魏祠博物馆、墨池·礼贤台、魏都文化艺术中心、神龟驮城文化公园等一大批具有视觉冲击力和精神震撼力的标志性工程，聘请全国城市雕塑建设指导委员会编制规划，打造梨乡水城·魏都雕塑文化之城，彰显城市文化魅力和形象。

（二）以文化成果弘扬人文精神

加强魏文化、梨文化、龙文化、现代文化乃至黄河文化、漳河文化、卫河文化的研究，扶持文化产业的发展，创作一批文化精品，将深厚的文化资源优势转化为有形的城市形象和品牌，发扬光大，增强文化的感召力，提升魏县人"热爱家乡、建设家乡"的自豪感和荣誉感。

（三）以全民教育塑造人文精神

开展以德孝为主要内容的全民教育和"孝亲敬老模范"等先进典型评选表彰活动，建立干部德孝管理档案，实施青少年素质教育工程，提升居民文明素质、文明行为、文明形象，淳化民风社风，形成了以"勤劳勇敢、重信尚义、感恩包容、礼让贤达、履职尽责、开放进取"为主要内容的新时期魏县人文精神。

（四）以文明创建传播人文精神

深化群众性教育活动，引导机关干部和居民群众积极开展文明小区、文明单位、文明居民、文明企业创建活动，组织开展歌舞、秧歌、舞龙等群体性文化活动，组织引导干部职工和居民群众参加城市建设义务劳动，弘扬魏县人文精神，培育文明道德风尚，增强城市精神力量。

科学发展是"十二五"时期的发展主题，而科学发展观的核心是以人为本。通过开展"三年大变样"，建设梨乡水城·魏都的工作实践，我们深感深入推进城镇化，必须牢固树立以人为本的理念，走以人为本的城镇化道路，把保障和改善民生作为城镇化的主题，团结和激励广大群众，共建共享城市建设和发展成果。以此不断提升人民群众的幸福指数，让人民群众拥有更舒适宜居的环境，过上更高质量、更加幸福、更有尊严的生活。

（作者系魏县人民政府县长）

一个国家级贫困县的科学发展之路

位于冀豫两省交界的魏县,是著名的中国鸭梨之乡。

过去,在外人眼里,魏县的名片有三个:一大、二穷、三乱。

所谓大,魏县总人口90万人,是河北省第一人口大县;所谓穷,魏县是国家扶贫开发工作重点县,2005年,取消农业税后,该县的全部财政收入仅有4800万元;所谓乱,魏县区位特殊,社情复杂,治安混乱,信访不断,曾发生过震惊全国的假药案和"11·26邵村事件"。

然而,近年来,尤其是2008年以来,魏县变了。

全国人民满意城市、全国绿化工作模范县、中国最佳绿色生态城市、省级文明县城、省级园林县城……成了魏县新的名片。在2008-2009年,河北省两年一度的县域经济发展综合评价中,魏县晋升了20个位次,是河北省晋位最多的一个县。

是什么让一个国家级贫困县在短短两年多时间里发生了如此神奇的蝶变?

"就魏县来说,就是要打破先工业化、后城镇化的传统思路,以城镇化统领,走以城带产、以产兴城、统筹城乡之路,大力发展低碳工业、现代农业、商贸物流和生态文化旅游业,以城镇化带动经济发展方式转变,促进科学发展,快速振兴。"该县县委书记齐景海一席话解开了我们心中的疑团。

一、凝心聚力：搭建科学发展、快速振兴的良好平台

为了加快魏县发展，他们也曾经提出"工业立县"战略，建园区、上项目，抓招商、引资金，但由于地上无资源，地下无矿产，特别是县城建设滞后，投资环境不好，很多项目引不来，留不住，发展工业举步维艰。

"我们这个拥有90万人的人口大县，2008年以前，县城控制区面积仅为13.7平方公里，城镇化率仅有23.8%，县城周边废弃的东风渠、民有渠、魏大馆排水渠不仅不能发挥水利设施的作用，而且成为县城的污水汇集地，造成环境污染。就因为县城建设落后，别说外地客商了，就是本县的经济能人也到外地投资。"该县县长殷立君对记者说。

那是2007年，经过省、市、县领导的不懈努力，有一国有大集团与魏县达成了总投资5.8亿元的60万吨玉米深加工项目合作意向，可是等该集团实地考察后，人家说什么也不肯在魏县投资，最后撂下一句话："等县城建好了再说吧。"

这件事，让魏县的决策者们至今不能忘记，他们终于明白了一个道理：没有梧桐树，怎能引来金凤凰。

2008年5月，魏县县委、县政府主要领导进行了调整。魏县的出路在哪里，魏县该如何发展，成为摆在魏县新的县委、县政府领导班子面前必须回答的重大命题。

"如果说，由于种种原因，我们在第一轮发展大潮中落伍了，在新一轮发展大潮中，我们必须以科学发展观为指导，找准魏县发展的突破口，抢占先机，集聚后发优势，实现魏县科学发展，超常规发展。"县委书记齐景海在召开的第一个四套班子会上敞开心扉。

一次次调研，一遍遍论证。最后，县四套班子形成了共识：县城建设滞后已经成为制约魏县科学发展、快速振兴的主要问题，先把城市做起来，为全县搭建一个科学发展的良好平台，进而促进人流、物流、资金流向城镇聚集，促进县域经济又好又快发展。

恰逢此时，河北省作出了城镇面貌三年大变样的战略决策。更坚定了魏县以城镇建设为突破口，以打造冀东南区域中心城市为目标，大力实施城镇化带

◎ 魏县勤政源公园

动战略,走以城带产、以产兴城之路。

为搞好规划,他们聘请中国城市规划设计院、清华大学、同济大学、复旦大学的专家,结合县城周围20万亩梨园和邯郸东部生态水网重点县、引黄入邯必经地等生态水系优势,以及历史上是战国时期魏国都城的历史人文优势,提出了建设梨乡水城·魏都,打造冀东南区域中心城市的战略目标,高标准规划了城建"66226"路网工程,"五河一湾、五湖一源、36桥景观"水网工程以及"九个一"园林绿化工程。

为破解拆迁难题,他们按照"拆迁群众不失居、失地农民不失益、失地农民不失业"的原则,最大限度照顾拆迁户的利益,党员带头,深入细致地做好群众的思想工作,谱写了一曲曲和谐拆迁的动人乐章。

为破解融资难题,他们采取经营城市的办法,实行"公司化、项目化、招商化、社会化"等多渠道融资,为城建融资近百亿元。

为破解建设难题,他们舍小家,顾大家,发扬"5+2""白加黑"精神,日夜奋战在工程一线。锤炼形成了以"想干事、敢干事、会干事、快干事,干实事,干好事;一不怕苦,二不怕累,三不怕难,四不怕得罪人;重实效,看结果,拒绝理由"即"六干,四不怕,把信送给加西亚"为主要内容的新时期魏县精神,这已经成为全县人民一笔宝贵的精神财富。

两年多来,该县共投入近100亿元,完成166项工程,县城面貌发生了翻天覆地的变化。

"城市规模由'小城'变'大城',城市特色由'旱城'变'水城',城市环境由'土城'变'绿城',城市功能由'不宜居'变'宜居',城市文化由'沉寂'变'复兴',居民素质由'低下'变'文明'。"主管城建工作的副县长赵金刚一口气说出了县城六个方面的变化。

"在加快推进梨乡水城·魏都建设的同时,我们以推进农村新民居建设为载体,统筹城乡发展,目前,全县已开工建设新民居示范村(社区)46个,建成新民居5180户。许多祖祖辈辈土里刨食的魏县人,过上了城里人一样的生活。"该县县委副书记侯有民如是说。

记者感到,魏县正由过去一个不起眼的平原贫困县迅速破茧成蝶,一个"生态环境优美、城市功能完善、文化特色鲜明、产业活力十足"的中等城市框架已经搭就。

二、转变方式:既要金山银山、又要碧水蓝天

梨乡水城·魏都的建设,为项目建设和产业聚集搭建了良好平台,一大批项目纷纷落户魏县,促进了全县经济的快速、协调、可持续发展。

该县在梨乡水城·魏都建设时,规划建设了魏都工业园和回隆糖果加工、张二庄再生物资加工和双井农产品加工全民创业聚集区,据了解,该县的四个园区已累计入驻项目达140多个,2009年实现总产值36.2亿元。

"从2008年以来,我们严格把关,坚持高耗能、高污染项目一个不上,重点发展纺织服装、农产品加工、糖果加工等低碳环保、劳动密集型产业。新上重点工业项目596个,争列省、市重点项目39个,引进县外资金180多亿元。"该县县委常委、常务副县长张顺桥告诉记者。

"为转变经济发展方式,我们加大治污减排力度。对小化工等高耗能、高

污染企业一律取缔，并加大监管力度，防止反弹。坚持走经济效益好、资源消耗低、环境污染少、人力资源优势得到充分发挥的新型工业化路子。"该县副县长王自林对记者说。

近年来，该县先后开工建设了河北风云服装有限公司品牌服装项目、康帝森建筑垃圾制砖项目等一大批低能耗、低污染、低排放、节能环保的新型工业项目。

"作为一个平原农业大县，我们坚持以发展生态农业、观光农业等为主，大力培育现代农业，加快农业发展方式转变。"该县县委常委、副县长霍河生告诉记者。

该县以梨乡水城·魏都为依托，以公路、水网为纽带，建设现代农业观光带和农产品加工经济隆起带。沿县境内邯大、新定魏、魏峰等6条干线公路，培育强壮精品鸭梨种植加工、设施蔬菜种植加工、优质粮食种植加工、棉花种植加工、林木种植加工、养殖加工6大农业产业链条。同时，该县大力搞好农村土地流转，扩大规模经营，建设了6大农业生产基地和10大精品园区，着力提高农业产业化水平。据了解，截至目前，该县已建成农业产业化龙头企业26家，农业产业化经营率达到58%。

此外，该县进一步加强现代农业基础设施建设。围绕"引黄入邯"、"引黄入冀"工程，加大农田水利建设，实现水循环，让更多的群众看到水、用到水，扩大生态效益。抓好基本农田整理和土地综合治理项目，进一步提高农业综合生产能力。

"为大力发展商贸物流业，我们一方面狠抓商贸项目建设，累计投入3.86亿元，加快建设繁荣了天仙果菜、天龙建材、飞天干菜等十大专业市场。依托专业市场，发展特色加工专业乡5个、专业村108个，建成市场基地28个。另一方面，积极推进专业市场改制，扩大辐射带动能力，目前，全县专业市场交易额累计完成225.3亿元，年均增长10%以上。魏县已逐步成为冀东南最具活力的商贸物流中心。"该县副县长高绪朝对我们说。

"魏县是千年古县、华夏魏都，历史文化积淀深厚，我们把文化作为一种产业来挖掘、来开发，加大了对魏文化、龙文化、梨文化和现代文化的研究，

注重开发保护非物质文化遗产。"该县县委常委、宣传部长胡建英说。

为此,该县成立了"魏文化研究会",出版了《魏文化研究》专刊,印制了《话说魏州》图书,拍摄完成了《话说魏州》专题片。成功举办了全国首届"梨乡水城杯"书法大赛和龙舟邀请赛,建成了以弘扬魏文化为主题的礼贤台·墨池、神龟驮城文化公园、魏祠博物馆等一大批景观标志性建筑,魏文化研究空前活跃。

同时,该县加大了非物质文化遗产的保护、开发和推介,推动文化产业多元化发展。2009年,魏县皮影、四股弦、传统棉纺织技艺成功申报国家级非物质文化遗产保护名录。土纺土织、梨木炊具等已成为具有魏县乡土文化特色的产业,给当地农民带来一笔可观的收入。

"旅游业是最具发展潜力的朝阳产业,梨乡水城·魏都的建成,带动了魏县生态旅游业的迅猛发展,我们大力发展生态游、乡村游、农家游等,擦亮旅游业品牌,旅游业已成为魏县新的经济增长点。"该县副县长吴青梅如是说。

据了解,从2001年起,该县成功举办了九届"梨花观赏节",每年接待境内外游客90多万人次,带动相关产业收入达3000多万元。2010年该县举办的第十届梨花节,吸引全国各地游客126万人,带动相关产业收入近1亿元。目前,该县已被列入河北省乡村游精品线路,旅游业正从季节性向常年性转变。

◎ 魏县金龟湖游船画舫

三、以人为本：营造和谐稳定的社会环境

"为打造一个科学发展的社会环境，我们在不断完善'严打'长效机制，狠抓社会治安综合治理的基础上，按照生态、和谐的理念，更加注重以人为本，高度关注民生，努力构建和谐魏县。"县委书记齐景海告诉我们。

"在发展民生事业上，一方面，我们按照生态、可持续发展的理念，注重保护生态环境，让人民吃放心食物，喝放心水，共享碧水蓝天。另一方面，按照民本理念，切实做到民有所需，我有所为，尤其是在梨乡水城·魏都建设中，我们把学校、医院、道路、公园、污水处理、垃圾处理、供暖、供气等事关群众切身利益的工程放到了突出的位置来抓，让人民群众共享改革发展成果。"陪同我们采访的县委常委、县委办主任杜章玉对记者说。

据了解，由于该县在城镇建设中，注重绿化和水系打造，极大地改善了生态环境，改善了群众的生产生活条件。全县地上水系灌溉面积达到64万亩，占全县总耕地面积的70%，在2009年，全国遭遇50年一遇大旱的情况下，该县地上水灌溉面积达到116万亩次，节约灌溉资金6000万元。地下水位由新中国成立后至2007年每年下降80厘米，变为2009年上升3.6米。全年空气质量在二级以上的天数增加到360天。同时，围绕打造冀东南教育、医疗、文化旅游中心等目标，加大了对教育、医疗、就业、扶贫、社会保障等民生事业的软硬件建设，该县的各项民生事业取得了长足进展。

（原载2010年12月15日《农民日报》，作者 郝凌峰）

霸州
BAZHOU

◎规划领航　文化助力　全力推进城镇面貌三年大变样
◎突出文化主题　造就百年城市
◎把握主线　彰显魅力　力促转型
◎华丽蝶变的三年

规划领航　文化助力
全力推进城镇面貌三年大变样

中共霸州市委　霸州市人民政府

三年来，我们围绕扎实推进城镇面貌三年大变样，举全市之力，坚定不移，创新举措，始终以决战的姿态和必胜的信心，用大思路、大手笔、大投入推动大变化。截至目前，全市共投融资323亿元，实施重点工程211项，建设精品建筑28个，拆除违章、危旧建筑166万平方米。这三年是霸州市城建史上投入最多、力度最大的三年，也是霸州城镇建设实现跨越式发展，城镇面貌发生历史性变化的三年，城市环境、城市功能、城市管理取得了历史性突破，形成了特色鲜明的文化主题城市。霸州市先后被评为省级无障碍设施建设示范城市、省级卫生城市、省级园林城市、中国最具投资潜力中小城市百强县市，荣获"燕赵杯"竞赛A组金奖、"中国温泉之乡"等称号。

一、以更新观念为先导，找准城市发展定位

河北省委七届三次全会提出全省城镇面貌"一年一大步，三年大变样"的重要部署，给霸州加快推进城镇化进程，实现中等城市建设目标，提供了难得的历史机遇。霸州市组织召开专题会议、专题论证、专题研究，广泛征求社会各界意见，统一思想，提高认识，形成共识。我们认为，"三年大变样"不

仅仅是以旧变新，拥挤变疏朗，"脏乱差"变"洁齐美"，还应该是提高城市人口比重、扩张城市规模的"外化"过程，更应该是形成城市文化、改善城市生活方式、培育现代城市思维、转变城市管理模式、提高城市品质的"内化"过程。我们跳出紧紧盯住资金筹措和自然资源占有搞城建的惯性思维，转向自身特色资源的深度开发，把"三年大变样"的目标放到提升城市吸附聚集力，凸显城市文化特色上，确定了城镇面貌三年大变样活动的三条主线。一是建文化主题城市。突出霸州的文化特色、产业特色、建筑特色和景观特色，重点提升文化品位，形成霸州独有的城市主题文化。二是建环保节能城市。按照城市发展和建设的规律，按照科学发展观的要求，科学界定城市规模、城市运营体系和城市运营机制。从环保节能的角度，从基础工作做起，按照环保的标准规划、设计、建设。三是建城乡一体化城市。努力解决城乡二元结构问题，加强农村基础设施建设和教育、文化、卫生等社会事业建设。按照"三条主线"，我们把"大变样"作为拉动经济增长、完善城市功能、加快城镇化进程、提高人们生活水平的重要举措，围绕"文化休闲、商务会展、生态宜居"的城市定位和以先进制造业为主体，现代服务业、高效都市农业为支撑的"一体两翼"产业定位，定百年规划，建百年设施，努力打造百年城市。

二、以五大举措为抓手，推进城镇面貌大改观

推进城镇面貌三年大变样工作，思想认识是前提，真抓实干是关键，强化措施是保障。在推进"三年大变样"的全新实践中，我们在不断提高认识的基础上，拓展思路、创新机制、强化措施，使城镇面貌三年大变样的过程成为塑造霸州特色，催生霸州效率的过程，成为霸州加速推进新型城镇化的过程。

（一）抓规划，促进城市科学发展

城市规划是城市发展的蓝图，是城市建设、发展的行动纲领，对促进经济社会协调发展，增强整个城市综合竞争实力有着基石作用。我们投资2000余万元，聘请国内一流规划设计单位，编制了一整套高起点、高水准、高质量的规划体系。先后完成了市区中心区控制性详规以及市区园林绿地系统、环卫设施、市政排水、旧城改造等25个专项规划；完成了全部12个乡镇总体规划和60

个保留村庄规划；建成并运行了城市规划管理信息系统及数据库，为深入开展"三年大变样"奠定了坚实基础。在推进"三年大变样"工作中，我们始终坚持"规划即法，执法如山"的理念，坚持以城乡规划为龙头，把规划作为城乡建设的第一任务，建立城乡规划的科学民主决策机制，健全规划、建设专家咨询机制和规划公开、公示、听证等公众民主参与制度，科学决策，严格把关。严格规划审批和管理，确保规划、建设的统一。所有年度城镇建设项目都统一由规划部门依据城市总体规划提出，并在全市范围内征求意见，项目经市委、市政府审议，在全市范围内公示后，交由城市建设投资公司统一运作。同时，我市对历年形成的违章建筑，结合小区改造，重点突破，有计划地分期进行解决。对居民反响强烈的重点区域、重点道路两侧和主要商业活动周边，以及消防、治安等隐患严重的城乡结合部违法建筑依法强制拆除。

（二）抓投入，完善城市功能

在推进城镇面貌三年大变样过程中，我们不断更新理念，创新机制，全力破解资金难题，充分发挥政府投资四两拨千斤的作用，运用BT、BOT、TOT等市场融资方式，着力完善城市基础功能设施，拓展城市承载能力。三年来，先后实施了16项城市主次干道建设，完成了四横三纵、外环闭合的城市路网体系；建成了6座污水处理厂，日处理能力达到15万吨，目前，霸州市已成为全省污水处理厂数量最多和日处理能力最大的县级市；建成了3座垃圾处理场，日处理能力达到450吨，在市区垃圾处理场建成了处理渗滤液的污水处理站，是省内率先建成的一座垃圾无害化处理设施；建成了可生产有机肥的高标准粪便处理厂和先进的医疗垃圾处理中心。三年来，霸州市先后投融资12.2亿元，完成了胜芳古镇、李少春大剧院（纪念馆）、华夏民间收藏馆、中华戏曲大观园、广电中心、益津书院、游泳馆、乒乓球馆、图书馆、大悲禅寺、清真寺等工程，其中华夏民间收藏馆中的自行车博物馆是全省唯一的"国字号"博物馆。投融资4.8亿元启动了荣高棠纪念馆、生态公园、胜芳湿地公园等工程。

（三）抓拆迁，夯实城市发展基础

为实现城镇面貌三年大变样的快速突破，霸州市连续三年开展"百日拆违""百日攻坚"行动，集中时间、集中力量，倒排工期、挂图作战，全力攻

坚。实行领导干部分包负责制，两办督查室全程介入，强力督导落实。同时，将城镇面貌三年大变样工作列入年度考核内容，作为重要考核依据，有力地促进了各项工作的扎实开展。三年来，我们坚持"一把尺子量到底、一鼓作气拆到底"，大力推行"有情拆迁"和"阳光操作"，通过区域规划、分块运作、整体推进的方式，先后启动了13个城中村和片区改造项目，累计拆迁153.3万平方米。对既有建筑物全面普查，对违章建筑和超期临建建档立案、列表标图、依法拆迁，累计拆违拆临12.8万平方米。大拆迁为大建设奠定了坚实基础。

（四）抓机制，规范城市管理秩序

城市三分靠建，七分靠管。霸州市积极推进城乡管理、城乡执法、城乡标准、城乡环境"四个一体化"，构建科学顺畅的城管机制。将高科技、信息化元素引入城市管理，启用了拥有GPS卫星定位、3G室内视频监控、语音报站及对讲系统等先进监控网络的城市公交系统；在全省县级市中率先建成了市区路灯调控中心，对数万盏路灯运行情况进行实时监控，根据不同季节自动调整启闭时间；在全省县级市中第一个建成"精细化、全覆盖"的数字化城管中心，整合12319城建热线和公安部门大防控视频监控系统，构建起沟通快捷、分工明确、反应迅速、处置及时、运行高效的城市管理新机制，促进了城市管理与执法处理能力和综合效果的提升。

（五）抓特色，推进城市有形文化建设

文化是社会经济之魂，体现了一个城市的软实力和竞争力。实践中，我们始终把文化元素融入"三年大变样"的全过程，形成了独具特色的"霸州模式"。依托益津书院，霸州市引进了中国国家画院和河北画院两个创展基地；依托李少春大剧院，引进了中华戏曲文化大观园项目以及"国际京剧票友大赛"等品牌活动；依托胜芳古镇，引进了亚细亚民俗研究基地、胜芳国际家具城项目；依托国际温泉公园，形成了温泉资源综合开发项目群；依托华夏民间收藏馆创办了世界最大的"国字号"自行车收藏馆。

◎ 霸州益津书院

三、以宜居城市为目标，"三年大变样"成效凸显

建设宜居城市，促进经济、社会、文化、环境协调发展，满足人民群众物质和精神生活需求，是我们追求和努力的目标。三年来，通过深入开展城镇面貌三年大变样活动，霸州市宜居环境初步显现。

（一）城市环境质量明显提升

三年来，通过推进91项二氧化硫减排工程和烟粉尘治理，空气质量显著提升。2010年，市区可吸入颗粒物浓度（PM_{10}）降至0.074毫克/立方米，比2009年同期下降14.9%；大气环境质量达到国家二级标准天数增至341天，比去年同期增加30天；深入推进地表水的综合整治，投资1.8亿元治理中亭河，目前总长17公里的河段已全部还清，恢复了河流的生态使用功能；启动了牤牛河带状公园和龙江渠景观河道改造，打造沿线水系景观带，实现人与自然的和谐，再现霸州明清时期的"益津八景"。

（二）城市居住品质不断改善

通过城中村和片区改造，让农民真正放下锄头当市民，实现了"家家有新楼、人人有事干、医疗有保险、养老有保障"的"四有"目标，取得了城市容貌提升和农民安居的"双赢"。通过拆违拆临实现了还路于民、还绿于民、还秩序于民。安居工程建设取得突破，完成了"幸福佳苑"廉租房和经济适用住房小区工程，建设了4栋带电梯的小高层廉租住房534套和6栋经济适用住房360套，配建了1068套限价房，使廉租房、经济适用房和限价房三种住房保障制度有机结合，真正实现应保尽保。启动了6个旧小区改造，改善建筑面积12.94万平方米，受益居民1049户。

（三）城市魅力不断彰显

依托精品文化工程，霸州市积极开展对外文化的交流与合作，先后举办了三届文化艺术节、40余次国家级的书画展和戏曲大赛活动，创立了月月唱大戏、周周看大片的特色文化品牌，承办了全国乒超联赛，省运会游泳比赛、举重比赛等重大赛事。精品文化设施已经成为霸州城市建设的地标，在保存"城市记忆"的同时，也形成了霸州文化自信的根脉，放大了城市的魅力，为霸州人居环境建设注入了全新的内涵。城市魅力不断彰显，为招商引资、旅游事业和经济发展打造了坚实的平台，城市建设中的文化渗透，文化彰显出的人气聚集，使得霸州实现了城市建设和产业层次互动提升的"双赢"，也带动形成了经济文化一体化的产业发展格局。2010年10月份，全省城市有形文化现场会在霸州市召开；12月份，全国公共服务文化体系现场会在霸州市召开，对霸州市城市文化建设经验进行推广。

(四)市民文明素质不断提升

始终把提升城市公民素质，培育霸州精神放在突出位置,作为"三年大变样"的根本来抓。通过全体市民的大征集、大讨论，从历史传统、文化氛围，到道德风尚、地域特色，提炼出"崇文尚德、开放兼容、诚信和谐、超胜于人"的霸州精神。大力弘扬模范人物、家庭美德、社会公德，用榜样引导群众，用真情感化群众，激发市民共建精神文明的参与热情，形成良好的社会氛围，为推动城镇面貌三年大变样工作营造了平安、祥和的环境。

（五）城市竞争力不断增强

"三年大变样"的深入开展，推动了霸州市产业布局不断优化，新型产业不断发展，城市竞争力不断增强。传统制造业占工业比重由75%下降到53.2%；财政收入占GDP比重由8.7%上升到10%。通过"三年大变样"，提升城市土地价值，吸引了社会投资，形成了环境建设带动土地开发、土地开发促进城市建设、城市建设拉动社会投资的良性循环开发模式。以国际温泉公园为龙头的文化旅游产业迅速崛起，每年以15%的速度递增，占三产的比重已超过35%。借助文化主题城市建设，与京津形成错位对接、融入发展之势，使传统的区位、交通优势，得到更为充分的发挥。2010年以来，全市共引进超百亿项目2个、超50亿项目5个、超10亿项目13个，实现了历史性突破。

四、以新型城市化为契机，推动城镇面貌再提升

三年来的实践表明，通过"三年大变样"的拉动，极大地促进了霸州市城市规划、建设、管理等各个方面的大提升，走出了一条独具特色的新型城镇化之路。"三年大变样"仅仅是建设新型城市的开始，我们将紧紧抓住被河北

省委、省政府确定为"优先培育高品质中等城市"这一历史机遇，乘势而上，结合"十二五"规划，大力推进新型城市化进程，谋划新一轮的大变样、大提升、大发展。

（一）以高水平规划，促城市发展新布局

聘请世界一流设计单位，用最先进的规划理念和规划技术手段，编制独具特色和魅力的城市发展战略规划和环京津城市规划。深化完善城市总体规划和控制性详细规划，搞好规划衔接，提高规划水平；着力完善相关技术导则和管理规定，积极开展重要地段和重要项目等方面的城市设计；积极推进数字规划建设，健全规划设计决策机制，严格规划编制和审批程序。

（二）以新产业聚集，促城市发展新动力

努力推进经济社会的战略转型，尽快建立以先进制造业为主体，以现代服务业和高效都市农业为支撑的"一体两翼"经济发展新格局。做好承接京津产业外延、消费外溢两篇大文章，采取新举措、建设硬平台、实现大融合。大力发展文化休闲、商务会展、健康养生、观光旅游业，使霸州成为对接京津的品牌城市。

（三）以精品工程建设，促城市功能新提升

按照现代化城市标准，适度超前规划建设城市基础设施，加快道路桥梁、城市防洪、供水排水、供热供气、电力电信、信息网络、污水和垃圾处理等重大项目建设，不断增强城市的承载能力。加快国际温泉公园、体育中心、F3国际赛车场、国际健康城等重点工程建设，打造闻名全国的"四乡一镇"文化品牌。

（四）以城市创建，促宜居环境新变化

1. 创建国家园林城市。按照城市绿地系统规划和国家园林城市标准，组织大环境绿化、广场绿化、道路绿化。通过创建园林城市改善城市生态环境，展现自然风貌。

2. 创建国家卫生城市。有针对性地组织实施环境卫生综合整治，通过"创卫"这一民心工程，改善城乡整体环境。

3. 创建国家环保模范城市。以生态型城市建设为目标，进一步加大环保基

础设施建设力度,加快城乡一体化的垃圾和污水处理设施建设,努力打造生态宜居的城市环境。

(五)以机制创新,促城市管理新提高

深化城镇管理体制改革,完善城镇管理新格局。积极完善数字化和网格化管理,提升精细化管理水平,逐步建立分工明确、责任到位、监督有力、运转高效的城镇管理长效机制。努力提高社区管理和物业管理水平,在社区治安、社区文化、社区卫生、社区教育、社区环境、社区家政等多方面提高城市居民的幸福指数。

城镇面貌三年大变样只有起点,没有终点。我们将以更大的干劲、更扎实的作风、更有力的措施,不断推进霸州市城镇建设"上水平、出品位、生财富"。为实现全省新型城市化建设的宏伟目标,为全省科学发展大局作出新的更大贡献!

突出文化主题 造就百年城市

杨 杰

霸州市贯彻落实河北省委、省政府决策部署，把提升城市品位，塑造文化主题城市作为科学推进城镇面貌三年大变样的灵魂来抓，五措并举，环环相扣，倾力打造别具一格的城市名片，走出独具特色的城市建设之路。

一、高点定位是前提

思路决定出路，眼界决定境界。按照"谋划长远、高点站位、科学决策、分步实施"的总体工作要求，在更新的境界、更宽的视野、更高的起点上，把城市建设放在全省、全国乃至国际化的大坐标中，放在内涵外延同步发展，城乡统筹发展、一体化发展的大格局中来思考、来谋划、来推进。依托优越独特的区位优势、雄厚广博的文化资源优势、商机无限的投资创业优势，按照"文化休闲、商务会展、生态宜居"的城市定位，确定城市建设三个重要标志：建设主题文化城市，以十大文化体系为依托，以文化产业项目为龙头，以打造"四乡一镇"品牌为抓手，把霸州建设成为华北地区最具活力的文化产业基地、享誉全国的现代商务旅游胜地、京津冀城市群最具风情的文化名城；建设环保节能城市，确定阶段性目标为"净、绿、亮、美、韵"，狠抓节能减排，着力打造生态文明城市；建设城乡一体化城市，坚持以城带乡、以工哺农，谋划新布局，发展新产业，建立新机制，涵养新风貌，推进城乡统筹协调发展。

二、硬性规划是关键

注重规划的前瞻性、协调性、操作性和权威性，统筹市区和市域规划，突出文化主题，建设以市区为中心，以胜芳镇为次中心，以其他乡镇为"点"，以106国道、112国道、廊大公路、保津高速公路、京九铁路为"轴"，以乡村公路为"网"的"核—点—轴—网"空间布局结构。邀请省规划院全面启动全市域784平方公里的总体规划，霸州市区规划及新版的城市规划修订已通过河北省政府批准，胜芳镇的规划也得到了省建设厅和廊坊市政府的批准。在制定"十一五"规划时，按照经济、政治、文化、社会"四位一体"的发展思路，将文化建设作为一个独立的目标体系，纳入整个县域经济社会发展的大坐标中，制定《文化事业发展"十一五"规划》和《文化名城建设的实施意见》，把文化建设放在霸州未来发展战略支撑地位，靠打造"戏曲之乡""翰墨之乡""词赋之乡""温泉之乡"和胜芳古镇的"四乡一镇"文化品牌，大力推进城市、农村、历史、精品、社区、校园、体育、企业、网络、旅游等十大文化体系建设工程，全力打造区域性文化中心。同时，强化"规划即法、执法如山"理念，做到一张蓝图管到底。

三、精品设施是载体

按照中等城市标准提升城市容貌、功能设施、基础配套水平，既注重基础公共服务设施的建设，更注重打造城市精品，在环京津城市群中充分体现特有的韵味。

一鼓作气拆到底。按照"一把尺子量到底、一个标准评到底、一个算盘算到底、一个办法补到底"的原则，量化目标，强化责任，一天一调度，一周一督导，拆迁工作进展迅速。"三年大变样"活动开展以来，全市累计拆迁153.3万平方米、拆违拆临12.8万平方米。

对标作战建到位。按照建设百年城市的要求，全面突出城市的文化主题特色，加强基础设施建设，打造精品工程，追求"洁、绿、亮、美、韵"形神俱佳。三年来，先后实施了16项城市主次干道建设，完成了四横三纵、外环闭合的城市路网体系；建成了6座污水处理厂，日处理能力达到15万吨，霸州市已成为全省污水处理厂数量最多和处理能力最大的县级市；建成了3座垃圾处理场，日处理能力达到450吨，在市区垃圾处理场建成了处理渗滤液的污水处理站，是省内率先建成的一座垃圾无害化处理设施；启动城市供热中心建设，一期供热能力达到100万平方米。

激活亮点树形象。三年来，先后投融资12亿多元，完成了胜芳古镇、李少春大剧院（纪念馆）、华夏民间收藏馆、益津书院、图书馆、清真寺等工程，其中华夏民间收藏馆中的自行车博物馆是河北省唯一的"国字号"博物馆。第三届文化艺术节暨20周年庆典期间，中华戏曲大观园、胜芳湿地公园、牤牛河历史文化公园开园，胜芳大悲寺、广电中心、清真寺和游泳馆投入使用。精品文化设施已经成为霸州城市建设的标志，在保存"城市记忆"的同时，也形成了霸州文化自信的根脉，放大了霸州城市的魅力，为霸州市人居环境建设注入了全新的内涵。

四、规范机制是保障

按照"政府引导、多元投入、市场运作、实体经营"的总体思路去经营城市，坚持文化事业政府主导、文化产业市场化运作，引入民间资本投入文化产业，推动全市文化建设大繁荣。

整合资金破瓶颈。在发展文化事业上，对博物馆、科技馆、纪念馆、书院、图书馆等公益性建设，全部纳入政府财政预算，政府买单、全额拨付、应投尽投。在发展文化产业上，能够推向市场的，尽可能的推向市场，深入挖掘民间资金，运用政策杠杆激励个人投资城市建设。强力推进融资平台建设，组建具有法人资格的霸州市建设投资有限公司，注册资本金3亿元。目前，已组建了专门机构，已与十几家金融机构进行联系，2010年融资额度突破10亿元。

自我造血强功能。采取市场运作模式推进大型文化设施产业化发展，制

◎ 霸州金康道夜景

定出台了《霸州市书画院、李少春纪念馆、李少春大剧院管理运行机制》，规定李少春大剧院等一大批公共文化设施的管理、维护等费用，自2010年后实行"谁主管、谁负责、谁受益"的市场化运营机制，将其由财政包袱、单纯的公益性设施，变成具有经济效益的文化产业。在这种机制作用下，各部门的市场意识明显增强。李少春大剧院管理处和一家文化企业合作，推出"周周演大片"活动，大剧院管理处通过提供服务和出租场地，收取一定费用，文化公司通过在媒体、车体广告宣传、增加售票网点等方式运作很快便产生了良好效果。市书画院充分利用益津书院组织开展了一系列书画艺术赛事展览活动，知名度不断提高，日渐成为周边一带较有影响的书画品交易市场。

规范管理上水平。引入精细化的现代城市管理手段，在全省县级市中率先建成了市区路灯调控中心和"精细化、全覆盖"的数字化城管中心。同时，开通了12319城管热线，整合了公安部门大防控视频监控系统。在全省县级市中率先全面取缔了非法营运电动三轮车。启动了拥有GPS卫星定位、3G室内视频监控、语音报站及对讲等先进监控网络的城市公交系统。

五、振兴产业是动力

以项目、基地、品牌、企业、新兴产业为抓手，充分挖掘整合资源，谋划一批重点文化项目，打造一批文化产业品牌。整合文化旅游资源，对接京津旅游产业，依托温泉资源优势，在开发新区规划了总占地面积28平方公里的霸州国际温泉公园，集温泉休闲、商务会展、康体健身、文化娱乐、高效都市观光农业五项功能于一体，可容纳百家温泉度假酒店和百万平方米的会展中心。首批启动的10家温泉酒店已陆续运营，总投资达36.2亿元。引进了投资60亿元的吉利集团霸州产业基地项目，建成后将成为华北地区唯一的赛（试）车场地，对河北省休闲旅游产业具有很强的拉动作用，每年将创造10亿元左右的运营收入，可提供3000人以上的就业机会。成功启动了"霸州一日游"活动，深入做好现代旅游产业的包装推介，制定完成了《霸州旅游总体规划》，对"霸州一日游""霸州两日游"进行全方位策划包装。依托中国北方最大的西洋乐器生产基地,在扬芬港工业园区新规划的总占地面积3000亩的中国北方乐器城项目,目前已进入全面招商阶段。连续多年成功举办"月月唱大戏""周周演大片""彩色周末"等大型文艺演出活动,有效增强了霸州文化产业发展的活力。

(作者系中共霸州市委书记)

把握主线　彰显魅力　力促转型

王凯军

霸州北依京华，东接津门，唐设益津关，后周建州治，辽宋设榷场，有"锁钥三关，机枢冀中"之誉。特殊的政治、经济地理环境，为其发展赋予了特殊的地位，明清之际霸州直隶京畿，曾辖永清、固安、文安、大城四县，名重一时。

河北省委、省政府关于城镇面貌三年大变样的决策部署，是我们接续历史，重塑辉煌的一次机遇。乘势而上，以"大变样"统揽全局，转变发展方式，完善城市功能，加快城镇化进程，提高群众生活水平，用大思路、大手笔、大投入促大变化，力促经济社会结构战略转型。

一、突出科学发展的时代特色

在实践中，我们深刻地认识到，"三年大变样"不仅仅是一个旧变新，拥挤变疏朗，"脏乱差"变"洁齐美"的过程，更主要的是解决三个方面的问题：一是解决制约霸州可持续发展的结构性矛盾，实现"三化互动"（城镇化、工业化、农业产业化互动）；二是立足科学发展，实现包括人与自然、环境与资源在内的多重和谐；三是提升区域竞争，环境建设不但要适宜人居，更要吸引人入。为此，我们着重抓了三点。

（一）调整城市产业结构

就是适应京津冀一体化发展需求，按照"文化休闲、商务会展、生态宜居"的城市定位，通过"腾笼换鸟"，先后开发了20余处精品商住区。同时，面向京津，依托丰富的地热资源，规划了28平方公里的霸州国际温泉公园，立足温泉公园，引进了国际老年生活城、国际会展中心、浙商会馆、台商会馆等一批康体养生、休闲商务的服务业项目，首批10家温泉酒店陆续运营。以国际温泉公园为支撑，中华戏曲大观园、京津金融服务中心等一批现代服务业项目落户市区，链接带动了商贸、物流、餐饮、健身、旅游等相关产业发展，为我们建设宜居宜业环境夯实了基础。

（二）转变经济发展方式

就是以节能减排为抓手，强力推进"蓝天、碧水、绿地"三大工程。三年实施了91项减排工程和烟粉尘治理，市区大气环境质量达到国家二级标准天数逐年增加；加强地表水综合整治，中亭河17公里河段实现还清，中亭河流域已被霸州市纳入文化旅游产业带的整体开发规划；全力打造具有平原城市特色的绿地系统，建设了火车站广场、市区南北出口等大面积绿地，打造了益津路、建设道、金康道3条省级园林式街道，市区绿化覆盖率达到40.89%。在建的生态公园，占地3400亩，建成后将成为市区的"城市绿肺"。借助"三大工程"，建设环境友好型社会已经成为霸州市民和企业的共识。2010年万元工业增加值能耗预计达到1.78吨标准煤，比2007年下降33.08%。

（三）升华城市发展理念

1. 充分考虑霸州资源承载能力和毗邻京津的市场优势，创新中等城市的发展模式，把工作重点转移到打造中等城市服务功能建设上，让其能够承载中等城市的流量人口服务需求。为此，我们把对接京津、融入京津作为霸州未来发展主体战略之一，全面对接京津规划、交通、产业和环境。目前，我们已引进了北京943公交车、天津网通电讯业务，大广高速引线和112国道拓宽改造如期完工，大广高速、廊沧高速及津保铁路建设进展顺利，环京津无障碍交通圈正在形成。

2. 充分考虑建设工程的景观效应，从交通系统、改善道路绿化景观、优化

建筑立面形象、提升整体亮化效果等方面入手，投资1.8亿元对益津路、金康道的景观和既有建筑物进行精细化设计和升级改造，做到了移步换景。

二、打造意蕴深厚的文化主题

在实践中，我们深刻地认识到，"三年大变样"不仅仅是提高城市人口比重、扩张城市规模的"外化"过程，更是形成城市文化、变迁城市生活方式、培育现代城市思维、转变社会管理模式的"内化"过程。因此，作为全省对接京津的前沿阵地，作为曾经有过辉煌历史的县城，我们把"三年大变样"的高层目标和追求放到提升城市文化魅力，凸显城市文化特色上，确立了建设文化主题城市的目标。

（一）深入发掘霸州的人文历史内涵，为制定百年规划、打造百年城市夯实基础

组建了历史文化研究会，分专题、分系统地研究霸州的历史文化，整合物质和非物质文化遗产，理清人文遗脉，挖掘承载其中的地域文化性格魅力。推出了《李少春丛书》《霸州民歌集》《益津书院考》《霸州历史文化名人考》等系列研究成果。在此基础上，提炼出"崇文尚德、开放兼容、诚信和谐、超胜于人"的城市精神，以及十大城市文化符号。通过系统研究，建立了一整套文化主题城市的目标体系，使全市各分线工作都能够与之有机接轨，形成工作抓手。

（二）把研究成果融入城市建设发展

建设了李少春大剧院（纪念馆）、益津书院、博物馆、游泳馆、中华戏曲大观园、广电中心等一批精品文化设施，自行车博物馆成为省内唯一的"国字头"博物馆，有4处景点被评为国家级旅游景区。胜芳古镇建设工程，初步恢复了以"一河（穿心河）、两院（张、王两家古民居）、三街（中山街、河沿街、胜阳路）、三宝（文昌阁、古戏楼、古牌楼）、四桥（四座古桥）"为标志的中国北方水乡商业文化古镇风貌。启动了以"益津八景"为主题的牤牛河历史文化公园、以水乡风情为主题的胜芳湿地公园、以自然和谐为主题的生态公园、以荣高棠纪念馆为标志的体育中心。这些精品文化设施已经成为霸州城市建设的标志，在保存"城市记忆"的同时，也形成了霸州人文化自信的根脉，放大了霸州城市的魅力。

（三）充分发挥文化服务设施和文化休闲场所的重要作用

依托精品文化设施，全力打造"四乡一镇"（戏曲之乡、翰墨之乡、词赋之乡、温泉之乡和胜芳古镇）的城市文化品牌，先后举办了三届具有国际影响力的霸州文化艺术节，提升了霸州的美誉度。依托益津书院，引进了国家画院和河北画院两个创展基地；依托李少春大剧院，引进了中华戏曲大观园以及"国际京剧票友大赛"等品牌活动；依托胜芳古镇，引进了亚细亚民俗研究基地、胜芳国际家具城项目；依托国际温泉公园，形成了温泉资源综合开发项目群；依托霸州博物馆创办了世界最大的自行车收藏馆。"月月唱大戏""周末小剧场""天天办画展""农民文艺大会""彩色周末"等活动已经成为享誉全国的特色文化品牌。城市文化的蓬勃发展带动了霸州农村文化的兴起，全市书画创作队伍已超过3000人，农村业余剧团达百个，农民诗社20余个，形成独特的"霸州文化现象"，成为我们推进"三年大变样"的软实力。同时，也带动形成了经济文化一体化的产业发展格局。"一日游""两日游"的文化旅游产业规模效应日益凸显。霸州成为全国公共文化服务体系建设县级先进典型。

三、夯实百年城市的发展基础

在实践中，我们深刻地认识到，"三年大变样"不仅仅是一项阶段性任务，更是一项长期性、综合性、系统性的"百年工程"。霸州推进"三年大变样"，就是要努力研究百年城市的发展规律，探寻在环京津城市群中的城建特色，把人本理念、文化风情和历史传承有机融入城市的规划、建设和管理。

（一）健全规划体系

科学的规划是打造百年城市的基础，而规划的权威又源于权威的规划。在推进"三年大变样"的过程中，我们始终把规划工作放在第一位。成立了城乡规划局，组建了规划委员会，形成了"政府主导、专家领衔、群众参与"的三位一体规划管理体制。在此基础上，我们根据建设百年城市的需要，对城市发展规划进行横向开拓、纵向深入，加快控制性详规编制进度，全面提高控制

性详规覆盖面。聘请国内一流规划设计单位，先后完成了市区中心区控制性详规，以及"两城"园林绿地、环卫设施、市政排水、旧城改造、消防、供热、燃气等专项规划和创建省级环保模范城规划；编制了市域村庄空间布局规划、中心镇总体规划、万人小镇规划和部分新农村示范村街建设规划。

（二）建设百年设施

1. 大力提高基础设施承载能力。实施了东环路、西环路、育华道、建设道、兴华路、金康道东伸等一批道路新建及改造工程，市区人均道路面积达到24.24平方米。

2. 大力提高环境承载能力。利用BOT等形式，融资建成了6座污水处理厂、3座垃圾处理场。

3. 大力提高资源承载能力。在城市建设用地指标稀缺的情况下，一方面，我们积极发掘废弃地、河岸滩涂等资源，整理土地2500亩，启动了胜芳湿地公园和牤牛河历史文化公园工程，加速了城市由外延扩张向内涵提升转变；另一方面，以大拆迁促大建设，改造了13个城中村和片区，1000余户城中村居民乔迁新居。

（三）实施精细管理

1. 在全省县级市中率先建成了市区路灯调控中心，对全市数万盏路灯运行情况进行实时监控，大大简化方便了市区亮化设施的控制与管理。

2. 在全省县级市中建成了唯一的"精细化、全覆盖"数字化城管中心，通过实行"一级监督、两级指挥"的城市管理，实现了市容市貌监控系统信息共享，构建了以人口、社会单位、环境和市政设施为主要内容的城市网格化、科技化、信息化管理体系。

3. 全面整治市容市貌。积极开展市容市貌集中整治"百日行动"，在全省县级市中率先取缔了非法营运电动三轮车。

（四）强化住房保障

积极推进"经济调节、市场监管、社会管理、公共服务"的住房保障体系建设。

1. 倾力做好"两房"保障工作，建设了廉租住房534套、经济适用住房360

套，使廉租房、经济适用房两种住房保障制度有机结合，真正实现应保尽保。

2. 全力做好旧小区改善，出台了《关于做好全市旧住宅小区改善工程的实施意见》；完成了6个旧小区改造，改善建筑面积12.94万平方米，受益居民1049户。

3. 着力抓好房地产市场和社区管理，使居民合法权益得到有效保障，增强了霸州城市的吸附能力。目前，在霸州市区买房置业的域外人口以每年30%的速度递增。

"三年大变样"工作已经使我们从理念上得以提升，经验上得以积累，社会认知程度更加广泛。以此为基础，我们将乘势而上，按照"产业人口集聚能力强、综合承载能力提升快"的高标准中等城市目标，谋划新一轮的跨越。

（作者系霸州市人民政府市长）

华丽蝶变的三年

【编者按】如今的霸州，变得和美宜人。一条条宽阔平坦的柏油公路、一个个高楼竞秀的崭新社区、一片片碧草如茵的草坪、一簇簇迎风轻舞的树木，驾车穿梭奔驰在城乡街巷，让人神清气爽。

如今的霸州，变得舒展大气，城市环境质量明显改善，城市承载能力显著提高，城市居住条件大为改观，城市管理水平明显提升，城市现代魅力初步显现。

如今的霸州，变得气韵生动，霸州有形文化建设的元素符号渗透到"三年大变样"的创意、规划、建设和管理中去，融会水文化、边关文化、榷场文化和移民文化，形成"崇文尚德、开放兼容、诚信和谐、超胜于人"的城市精神……

三年来，霸州市按照河北省委、省政府开展城镇面貌三年大变样的决策部署，全力推动"三年大变样"工作深入扎实开展。截至目前，该市共投融资323亿元，实施了211项重点工程；建设了28个标志性建筑；拆除了166万平方米的违章、危旧建筑。在省、市领导的关怀和支持下，在广大干群的同舟共济中，霸州沐浴着三年大变样大发展的明媚春光，展现出璀璨新容颜，向省委、省政府交上一张合格而精彩的答卷。

三年前，河北省委、省政府"一年一大步，三年大变样"的重要部署，给

◎ 霸州阿尔卡迪亚小区

霸州加快推进城镇化进程、实现中等城市建设目标提供了难得的历史机遇。

"一年一大步,三年大变样",为什么"变","变"在哪,怎么"变"?

霸州市用一份份精彩答卷为这三个问题作答:"三年大变样"不仅仅是要求旧变新,拥挤变疏朗,"脏乱差"变"洁齐美",还应该是提高城市人口比重、扩张城市规模的"外化"过程,更应该是形成城市文化、变迁城市生活方式、培育现代城市思维、转变社会管理模式的"内化"过程。作为全省对接京津的前沿阵地,作为曾经有过辉煌历史的县城,霸州把"三年大变样"的目标和追求放到提升城市文化魅力,凸显城市文化特色上,在城镇面貌三年大变样建设中突出霸州的文化特色、产业特色、建筑特色和景观特色,重点提升文化品位,形成霸州独有的城市主题文化,并注重城乡一体化统筹,努力解决城乡二元结构问题,加强了农村基础设施建设和教育、文化、卫生等社会事业的全面建设。

一、有形文化,浓墨重彩绘名城

"一个具有深厚文化内涵、极富特色的城市已显雏形。"副省长宋恩华在参观霸州城市建设后对其有形文化建设给予了高度评价,"党的十七届五中全会指出,文化是一个民族的精神和灵魂,是国家发展和民族振兴的强大力量,具体到城市更是如此,经济创造城市,生态支撑城市,文化是城市延续的纽带和灵魂。城市的个性、特点和魅力,都来源于独特的文化。"

城市面貌是历史的积淀和文化的凝结,是城市外在形象与精神内质的有机统一。霸州市领导向记者介绍,文化发育越成熟,历史积淀越深厚,城市的个性就越强,品位就越高,特色就越鲜明。从这个意义上讲,省委提出城镇面貌三年大变样,就不仅仅是城市建设学或城市经济学的问题,从根本上它更应该是城市人类文化学。基于此,霸州物化历史和现代文化资源,把"三年大变样"的高层目标和追求放到提升城市文化魅力上,不跟别人比"大"、比"高"、比"新",而是比"韵"。

先搭框架。霸州以城市主干道为脉络,以旧危改造、立面美化、拆墙透绿、街角公园、健身路径为重点，建设了金康道时空隧道、大广引线景观大道、环城林荫路等样板街，形成了"四横四纵"的城市精品文化经纬线。

再造节点。该市投融资40多亿元，建设了4大类30余个精品文化设施。休憩类设施包括28平方公里以温泉养生文化为主题的国际温泉公园、以生态文化为主题的城市森林公园、以宋辽边关文化为主题的牤牛河历史文化公园、以水乡风情为主题的胜芳古镇和湿地公园。文博类设施包括展陈面积4万平方米的华夏民间收藏馆、1.5万平方米的李少春纪念馆（大剧院）、8000平方米的荣高棠纪念馆、5000平方米的胜芳民俗博物馆、1万平方米的益津书院。互动类设施。包括以展示戏曲艺术为重点的中华戏曲文化大观园，以对接京津演艺平台为重点的广电中心，以承接重大赛事为重点的体育中心、乒乓球馆、游泳馆，以科普为重点的青少年科技馆。

成形组团。该市以国际温泉公园为龙头，以中亭河、牤牛河为纽带，链接市区、胜芳古镇，规划建设"一环一带"的文化旅游产业示范区，打造"益津听泉、绿洲蟹肥、芦湾晓月、柳浪撷英、荷乡遗风、边城怀古、菊园琴韵、翰墨情缘"的新益津八景，推进沿线乡村旅游和创意地产开发，带动了"逮鸡场"、"百枣园"、胜芳河蟹合作社、东淀苇塘渔庄等30余处田园城市景点，农民不失地、不失权、不失利，有了新身份、新职业、新产业，成为涉农的新市民。

可以说，在"变"的过程中，霸州传承了城市记忆，彰显了城市个性，全面推进了有形文化的规划与拓展。围绕"文化休闲、商务会展、生态宜居"的城市定位，定百年规划，建百年设施，造百年城市，形成了城市建设的三条主线：追求人与自然和谐的生态伦理文化，突出建环保节能城市；经营"四乡一镇"（戏曲之乡、翰墨之乡、词赋之乡、温泉之乡、中国北方水乡商业文化古镇）区域品牌文化，突出建文化主题城市；导入农村田园文化风情，规划休闲功能区，突出建城乡一体化城市。

可以说，在"变"的过程中，霸州全面细化了有形文化的创意与设计，对建筑的性质定位、结构布局、形体色彩等进行高水平的创意设计，每个街区、每幢建筑都有一定的文化承载，传递一定的文化信息。在细节上，特别注

◎ 阿尔卡迪亚小区广场

重东方的审美情趣，有意识地导入中国写意画的"留白"技巧和日本庭院艺术的"枯山水"文化。比如在修复王家大院建筑时，该市并未复建早已拆除的部分，而是在原址上建了小广场，让游人驻足追想。

"三年大变样"让文化有形，撼动了霸州多年习性养成的小进即满、畏首畏尾，让霸州城市实现了一次精神飞跃。霸州的每一位市民和每一位战斗在"三年大变样"第一线的建设者，都感受着"三年大变样"带给霸州城乡猛烈的冲击波。

副省长宋恩华用四个字高度概括了霸州文化入城建的经验："高"——有远见、认识高，霸州市委、市政府高度重视城市有形文化建设，突出文化这个"魂"，化"文"为"城"、化"文"为"业"，定百年规划，建百年设施，造百年城市；"大"——大创意、大手笔，用重点工程搭框架、造节点、做组团，基本形成了点线面结合的城市有形文化体系；"深"——深研究、深挖掘，植根于本土文化，提炼出"四乡一镇"的文化特色，成为城市建设和产业发展的重要引擎；"精"——精雕琢、细刻画，力求做到每个街区、每幢建筑、每片绿茵、每条道路，都注入了文化元素，传递着文化信息。一座文化之城正在京畿昂首四望，提振士气，一栋栋精品建筑带着令人惊艳的气质和深沉的城市节奏，为霸州注入了全新的文化气息。

二、以民为本，幸福之都创和谐

一年一个样，三年大变样。在许多百姓眼中，如今的霸州每天都是新的。2010年前三季度，通过推进23项二氧化硫减排工程和烟粉尘治理，霸州市区可吸入颗粒物浓度（PM10）降至0.069毫克/立方米，比2009年同期下降21.6%；大气环境质量达到国家二级标准天数增至261天，比2009年同期增加28天，空气质量显著提升；深入推进地表水的综合整治，投资1.8亿元治理中亭河，目前总长17公里的河段已全部还清，恢复了河流的生态使用功能，再现了蒲柳摇曳、鱼虾竞游的水乡风情；投资3.6亿元启动了牤牛河带状公园和龙江渠景观河道改造，打造沿线水系景观带，实现人与自然的和谐，再现霸州明清时期的"益津八景"。

"三年大变样"，改变了霸州的城镇面貌，更改变了霸州百姓的生活。

"三年大变样"实施近三年来，带给霸州百姓从未有过的惊喜与震撼——住房困难的低保户住进了功能齐备的廉租房；普通的城中村农户摇身变成了百万元户；两年前还住在老旧平房的人家，一下子成为拥有多套高档住宅的业主……霸州大地此起彼伏、令人应接不暇的变化真是"忽如一夜春风来，千树万树梨花开"。

在"三年大变样"的建设中，一切是为了群众生活得更加舒适和谐。

在"三年大变样"的建设中，一切要用以人为本诠释城建民生理念。

为了抓民生，改善居住环境，首先，霸州大力推进拆违拆临。在全市范围内开展了既有建筑物普查，对违章建筑和超期临建建档立案、列表标图，将拆违拆临任务层层分解到有关单位，按图索骥，有的放矢。目前，累计拆违拆临12.8万平方米。通过拆违拆临实现了还路于民、还绿于民、还秩序于民。其

次,大力推进城中村和片区改造。对建成区城中村和片区进行区域规划、分块运作、整体推进,先后投融资50亿元启动了12个城中村和片区改造项目,累计拆迁153.3万平方米。再次,大力推进安居工程建设。该市"幸福佳苑"廉租房和经济适用住房小区建设了4栋带电梯的小高层廉租住房534套和6栋经济适用住房360套。该项目已被廊坊市作为典型进行推广。最后全力做好旧小区改善。目前已启动6个旧小区改造,改善建筑面积12.94万平方米,受益居民1049户。

所谓"悠悠万事,民生为大"。城市建设最终目的是改善群众的人居环境,提高群众的幸福指数。以"三年大变样"为契机,霸州着力提升城市承载力。充分发挥政府投资四两拨千斤的作用,运用BT、BOT、TOT等市场融资方式,着力完善城市基础功能设施。三年来,先后实施了16项城市主次干道建设,完成了四横三纵、外环闭合的城市路网体系;建成了4座污水处理厂,日处理能力达到10万吨,另有2座污水处理厂正在建设中,2011年年底前可投入运行,可新增日处理能力5万吨,该市已成为全省污水处理厂数量最多和处理能力最大的县级市;建成了3座垃圾处理场,日处理能力达到450吨,在市区垃圾处理场建成了处理渗滤液的污水处理站,是目前省内唯一的一座垃圾无害化处理设施。

改善民生就是"三年大变样"的着眼点和立足点。为提升城市管理水平,该市建立精细化的城市规划发展体系。投资2000多万元,聘请国内一流规划设计单位,先后完成了市区中心区控制性详规,以及市区园林绿地系统、环卫设施、市政排水、旧城改造等25个专项规划。该市引入精细化的现代城市管理手段,在全省县级市中率先建成了市区路灯调控中心,对数万盏路灯运行情况进行实时监控,大大简化方便了亮化设施的控制与管理。在全省县级市中率先建成"精细化、全覆盖"的数字化城管中心,实现了市容市貌监控系统信息共享,同时,开通了12319城管热线,整合了公安部门大防控视频监控系统。在全省县级市中率先全面取缔了扰乱城市交通秩序的非法营运电动三轮车6340辆,引进了北京943路公交车,启动了拥有GPS卫星定位、3G室内视频监控、语音报站及对讲系统等先进监控网络的城市公交系统。一大批城市建设民心工程,就像一枚枚徽章,镌刻在霸州城市发展的脉络里;就像一个个欢快的音符,奏响

◎ 胜芳古镇文昌阁

了霸州城市建设的精彩华章，诠释着霸州市委、市政府以城市建设调整产业经济、打造和谐城市的发展战略。

三、继往开来，城建跨越再上路

一座城市、一个地区的发展是连续的，但在特定时期里，由于某种历史机缘的驱动，会加快前进的步伐甚至产生大的飞跃。2008年以来在全省范围内开展的城镇面貌三年大变样工作，就是这样一个具有里程碑意义和决定性作用的重大决策和战略部署。而霸州，已经成为这一战略决策部署的诠释者和受益者。

"三年大变样"的实践，为霸州带来全方位的变化，尤其是城市建设和管理工作取得明显成效，宜居环境凸显。三年来，城镇面貌显著改观，霸州市在2009年省宜居城市环境建设"燕赵杯"竞赛中获得了A组金奖，实现了进位突破；三年来，城市文化不断提升，霸州提炼出了"崇文尚德、开放包容、诚信

和谐、超胜于人"的城市精神,打响了霸州"四乡一镇"的特色文化品牌,提升了城市文化魅力,凸显了城市文化特色;三年来,群众生活质量明显提高,霸州通过城中村和片区改造,让农民真正放下锄头当市民,老百姓实实在在地享受着丰富多彩的广场文化、戏曲文化、温泉文化、体育文化;三年来,城镇化进程进一步加快,霸州通过调整城市产业布局,大力发展新型产业,增强了城市的吸附能力,实现了城市扩张。2008年城市化率达到51%,2009年达到51.3%。规划区面积由原来的不足17平方公里,扩大到目前的58.4平方公里;三年来,霸州产业层次不断提升,巩固了一产的基础地位,做优做强了第二产业,大力发展了第三产业,实现了一二三产均衡发展。

三年来,霸州向全市人民交了一份值得骄傲的答卷,霸州以自己的实践和收获充分证明,加快城镇化进程是霸州科学发展、富民强市的关键环节和必然选择。"三年大变样",必将把霸州的科学发展推上一个崭新的阶段和更高的起点。

"三年大变样"工作已经使霸州从理念上得以提升,经验上得以积累,社会认知程度更加广泛。以此为基础,霸州将乘势而上,按照"产业人口集聚能力强、综合承载能力提升快"的高标准中等城市目标,谋划新一轮的跨越。

以和谐拆迁促面貌大改善。对照拆出秩序、拆出环境、拆出民生的"三拆"要求,继续加大拆违、拆迁工作力度。借助"三年大变样"收官攻坚战,强力推进牤牛河片区拆迁、南关片区拆迁、迎宾大厦北侧片区拆迁。

以精品工程促品位大提升。加快国际温泉公园、体育中心、F3国际赛车场、国际健康城等重点工程建设,扮靓"四乡一镇"的文化品牌。让霸州这个从农村发展起来,以乡镇企业崛起的北方小城步入繁华、整洁、和谐、时尚的现代化城市行列。

以开展创建促环境大建设。开展"三城同创":创建园林城市,按照城市绿地系统规划和园林城市标准,组织大环境绿化、广场绿化、道路绿化。通过创建园林城市改善城市生态环境,展现自然风貌。创建卫生城市,有针对性地组织实施环境卫生综合整治,通过"创卫"这一民心工程,改善城乡整体环境,加强城市管理。创建环保模范城市,以生态型城市建设为目标,进一步加大环保基础设施建设力度,加快城乡一体化的垃圾和污水处理设施建设,大力推进环境优美乡镇和绿色社区创建工作,努力打造生态、宜居的城市环境。

以机制创新促管理更精细。完善城乡规划局、建设局和城市管理局构成的规划、建设、管理一体化的行政体系,调整分工,优化职能,提高城乡规划建设管理水平。积极筹建城区街道办事处和社区居委会,推进城市的社区化管理。建立城乡管理的科学评价体系,完善城市管理行业标准,制订工作流程,强化工作考核,着力解决市政维护、容貌管理、环境卫生、园林绿化等行业中的管理粗放问题。

以城市经营促建设大发展。为进一步解决城市建设资金短缺问题,霸州将整合现有的融资资源,按照政企分开的原则,把政府部门的投资、融资、建设、运营统一划归建设投资有限公司,将原来分散在各部门的城建资产和其他政府性资产及权益统一由该公司运营管理,借此发挥最大的投融资效率,为城市建设跨越式发展提供充足的资金保障。

三年的建设实践,三年的开拓探索,"三年大变样"成为霸州思想观念的一次再跨越,精神状态的一次新跨越,科学发展的一次大跨越。面对即将开始的下一轮建设热潮,霸州认准一个真理:只有跨越发展才能满足群众根本利益,只有跨越发展才能加快构建和谐社会,只有跨越发展才能创出城市美好未来。过往的建设实践,大地可以铭记,铭记霸州的巨大变迁;未来的开拓探索,历史将会见证,见证霸州创造更辉煌的业绩。

(原载2010年12月2日《河北经济日报》,作者 康世良)

冀州
JIZHOU

◎抢抓发展机遇　突出滨湖特色
加快建设宜居宜业宜游的现代化滨湖城市
◎"三年大变样"带来的思考
◎滨湖新城展新篇
◎拥抱衡水湖　做足水文章　以滨湖新区推动城市大发展

抢抓发展机遇　突出滨湖特色
加快建设宜居宜业宜游的现代化滨湖城市

中共冀州市委　冀州市人民政府

冀州是河北省委、省政府确定的"冀中南经济区重要增长点"和"尽快进入中等城市行列的县市"之一。2008年以来，立足"滨湖、文化"两大优势，投资105亿元建设了88项城建工程，打造了30平方公里的滨湖新区，城市建成区面积由12.6平方公里增加到16.5平方公里，市区人口由13万人增加到15.2万人，城镇化率由43%提高到47.08%，先后获得"省级卫生城市""省级园林城市""河北省城镇面貌三年大变样工作先进县（市）"第五名等荣誉称号。

城市环境质量明显改善。大力实施生态绿化和景观整治，相继建成了污水处理厂、垃圾处理场并投入正式运营。建设了滨湖公园，对市区道路、街头绿地进行了更新改造。通过搬迁湖区污染企业、关停市区小锅炉、实施集中供热等措施，有效改善了市区环境质量。2010年，全市二级以上天数达到358天。

城市承载能力显著提高。新改建中湖大道、滨湖大道、兴华大街、长安西路等城市道路41条60.8公里，相当于建市14年总和的5倍。新建湖滨供水水厂一座，市区热网改造工程和天然气管网工程全部竣工。

城市居住条件大为改观。加快推进城中村和旧居住区的拆迁、改造，加强廉租房、经济适用房、公共租赁房等保障性住房建设，解决低收入群体住房困

◎ 冀州滨湖公园

难。同时，在滨湖大道南侧正在建设总面积300万平方米的高层高档商住区，城市居住条件明显改善。

城市现代魅力初步显现。依托"滨湖、文化"两大优势，建设了滨湖新区，重点打造的20项工程全部竣工。其中：滨湖公园为江北地区县级最大的亲水公园，碧水湾大酒店为衡水湖周边第一座五星级酒店，广电中心和文化艺术中心是全省县级一流媒体平台，冀宝斋博物馆为国内最大的元明清民间古瓷器展馆，吉美购物广场为衡水市单体建筑面积最大的购物广场，碧水湾港为衡水湖及周边地区较大规模的生态旅游码头。

城市管理水平大幅提升。大力推进城市精细化管理，努力建立责权明晰、标准明确、管理精细、运转高效的城市管理体制。成立了城市管理局、城建投资公司、拆迁办，理顺了管理体制。开展了城市建筑外立面包装、亮化改造、广告牌匾整治等活动，城市面貌焕然一新。

一、立足"两大优势"，明晰发展定位

冀州历史悠久，文化底蕴深厚，享有"九州之首"美誉；市区坐落在国

家级自然保护区衡水湖南岸,是我国北方地区少有的滨湖城市。深厚的历史文化、滨湖近水的生态环境,是冀州打造"三宜"型城市得天独厚的条件。三年来,先后赴山东、江浙等地考察"水城"建设经验,邀请国内外知名专家进行论证,进一步明晰了城市的发展定位,即充分发挥"滨湖、文化"两大优势,着力打造"千年古都、滨湖新城"的城市名片,北扩东展,对接衡水,接受辐射,一体发展,全力建设"宜居、宜业、宜游"的现代化中等城市。

二、破解"三大瓶颈",解决建设难题

(一)引促结合,破解资金瓶颈

1. 平台融资。成立了城建投资公司,融资6亿元,初步实现了由"有多少钱干多少事"向"有多少事筹多少钱"的转变。

2. 招商引资。坚持面向全省、全国,全面开放规划市场、建筑房地产市场,引进了包括国际老年社区、吉美购物广场、碧水湾大酒店在内的总投资近百亿元的12个城建项目。运用现代融资手段,通过BT、BOT模式融资5个多亿,建设了公园绿化、广场景观灯等工程。

3. 土地增资。坚持政府垄断土地一级市场,实施统一规划、统一拆迁、统一出让,将"生"地养"熟",推行净地出让,走土地生财、滚动发展的路子。三年来,土地经营收益达到5.6亿元。

4. 向上争资。抢抓国家政策机遇,加大跑办力度,三年来,共争取上级各类资金6.5亿元。

(二)开源节流,破解土地瓶颈

1. 积极跑办扩总量。利用扩权县(市)的政策优势,三年来共争取各类土地指标3650亩,有力保证了城建重点工程和工业项目的用地需求。

2. 复耕置换添增量。先后完成11个废弃砖瓦窑的复垦,累计置换用地1268亩。

3. 开发建设活存量。对未利用地、闲置地统一整理,积零为整,集中利用,盘活用地2000多亩。

4. 旧城改造增质量。按照成片拆迁、组团开发的原则,累计拆除低密度危旧建筑98万平方米,整理出可利用土地1500亩。

（三）创新举措，破解拆迁瓶颈

三年来，先后实施了透湖拆迁、旧居住区拆迁和城中村拆迁，完成拆迁面积184.5万平方米。一是创新补偿方式。实施了货币补偿和产权调换自主选择的办法，产权调换上创造了地上建筑物与土地面积合并置换的方式，切实做到了公平、公正。二是创新拆迁模式。坚持"组团成片、区域开发"的原则，改造区域占地面积控制在50亩以上，改造后建筑面积控制在5万平方米以上，确保改造效果。市政府主导拆迁，实施大兵团作战，将拆迁任务分包到各有关部门，单位一把手负总责，确保拆迁速度。三是坚持安置至上。牢固树立"以人为本"的理念，最大限度地保护拆迁户利益。

三年来，所有拆迁户和企业全部得到妥善安置，特别是1200个拆迁户全部按时回迁，收到了良好的社会效果。

三、坚持"四个融合"，创新建设理念

（一）注重历史文化与现代文明相融合，打造个性化城市

立足"滨湖、文化"两大优势，启动了滨湖新区开发。滨湖新区由上海同济大学规划设计，一期面积10平方公里。在项目安排上，既有彰显厚重文化的瓷器博物馆、文化广场，也有现代化的五星级酒店、文化艺术中心。以滨湖大道分界，在南侧规划建设300万平方米的现代风格的高档商住社区，在北侧重点打造2平方公里的生态绿化景观，将历史文化的传承与现代文明的发扬有机地结合在一起。

（二）注重城市扩张与环境保护相融合，打造生态化城市

坚持走集约、节约的城市发展道路，力求城市建设与资源利用、环境保护相和谐。2008年以来，建设了63项节能减排重点工程，关停落后产能企业13家，淘汰自备锅炉103台，深入开展了衡水湖网箱、围埝、拦网养殖取缔工作，生态环境明显改善。

（三）注重城市发展与公众利益相融合，打造人性化城市

以统筹理念指导城市建设，力求达到经济效益与社会效益共赢的效果。三年来，在城市路网、供暖供气、给水排水等方面，实施了30多项重大民生工

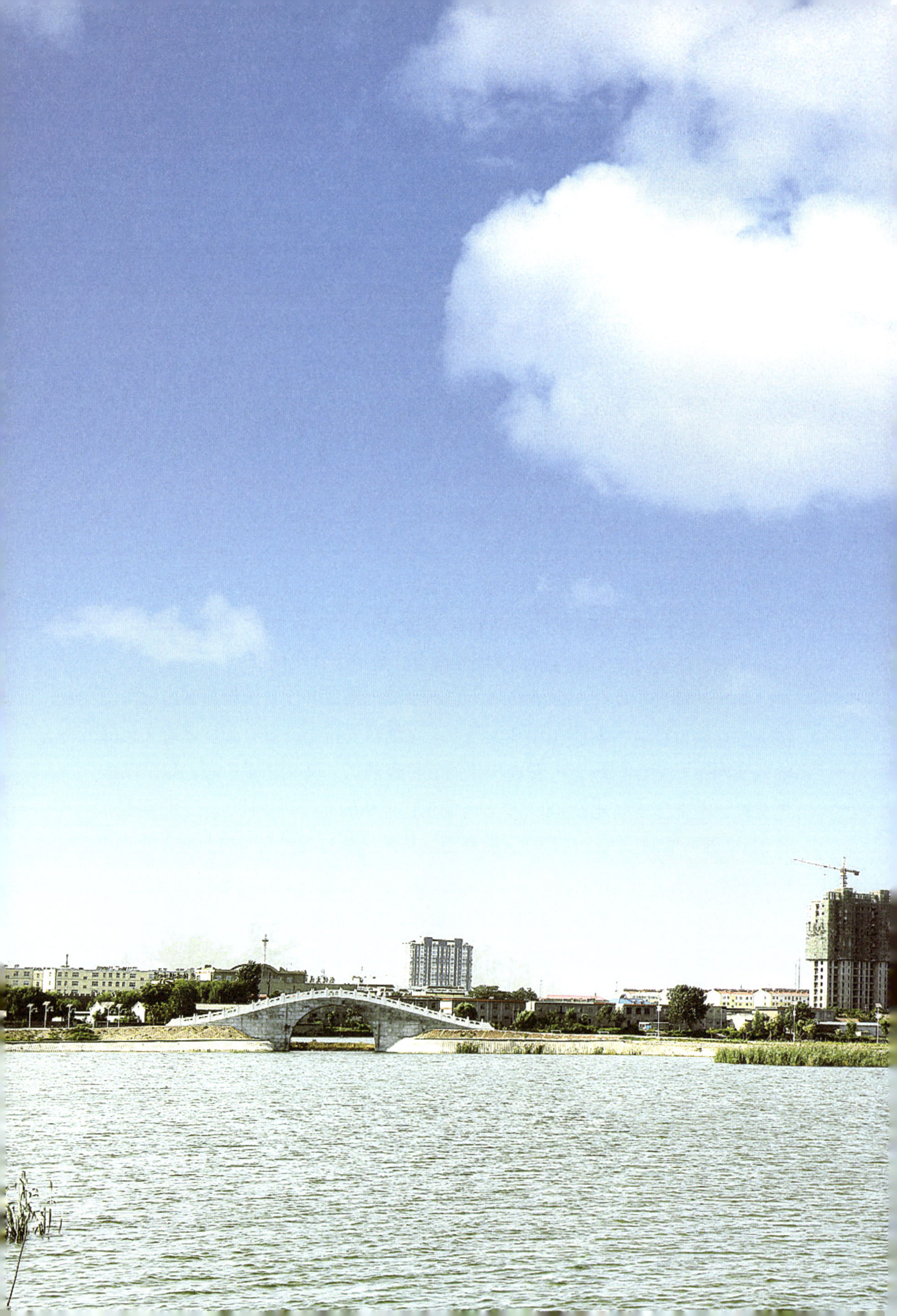

© 贵州水市湖城全景图

程，使市民走上了宽敞路、吃上了放心水、用上了安全气、过上了温暖冬、享受到碧水蓝天的优美环境，实现了"城市让生活更美好"的愿望。

（四）注重城市建设与规范管理相融合，打造有序化城市

为理顺管理体制，成立了城市管理局，将原由多个部门分散行使的城市管理权集中使用，克服了多头管理的弊端。围绕"三年大变样"工作，出台了城中村改造、旧居住区改造等一系列管理办法，开展了城市道路、广告牌匾等综合整治活动，实施了街景亮化工程。在市区重点部位安装了监控系统，提高了数字化管理水平。

四、突出"五个重项"，提升建设水平

（一）坚持高点规划，精心描绘发展蓝图

坚持以思想的大解放，城门的大开放，激活规划设计市场。一是完成城市总体规划修编。《冀州市城市总体规划》于2008年11月通过河北省政府审批。到2020年，将城市面积扩展到25.2平方公里，人口发展到24万人。二是抓好专项规划和控制性详规编制。完成了绿地系统、供热、供水、消防等20个专项规划，实现了滨湖新区、工业聚集区近期建设区域控制性详细规划的全覆盖。三是抓好重点工程规划。为打造精品工程，规定凡投资3000万元以上的，必须聘请甲级资质的专业单位规划设计。其中碧水湾大酒店、湖滨生态会馆、滨湖公园、九州文化广场分别由法国AMA公司、沈阳美景环境艺术工程公司、北京中外建建筑设计公司、上海同济大学规划设计。四是严格规划管理。成立了城乡规划委员会，对重大城市建设项目，均由规划委员会集体决策。严格规划执法，规划一经批准，决不允许随意更改，有效维护了规划的严肃性。

（二）完善基础设施，大力提高承载能力

1. 加大市政道路建设力度。建设了中湖大道、滨湖大道、西环路、长安西路等城市主干道路，搭建起"六纵七横一环"的城市框架，人均道路面积29.3平方米，交通环境明显改善。

2. 加大配套设施建设力度。建设了日处理能力3万吨的污水处理厂和日处理能力150吨的垃圾处理场，并正式投入运营。新建湖滨水厂一座，日供水能力

达到2万吨。建设了天然气进城入户工程，使城区居民用上了清洁、廉价的能源。实施了市区热网改造工程，实现了供热全天候、全覆盖。

3. 加大园林绿化力度。以创建"省级园林城市"为契机，对市区主干道路、重点企事业单位、居民小区进行了绿化改造，实施了拆墙透绿工程，建成区绿地率达到45.4%，人均公园绿地面积20.4平方米。

（三）强化住房保障，切实改善居住条件

1. 稳步推进房地产开发，开工建设了阿卡利亚湾、熙湖茗苑、鑫鼎佳苑等12个住宅小区，总面积达118万平方米，极大地改善了市民居住条件。

2. 加大保障性住房建设力度，建成了廉租住房364套、经济适用房410套、公租房75套，提高了低收入群体居住水平。

3. 积极稳妥地实施城中村改造，实施了一甫、三里庄、岳庄等7个城中村改造项目，拆迁面积达6.8万平方米。

4. 加快新民居建设步伐，以"一心、两轴、三组团"为重点，坚持政府引导、群众主体、市场运作、整体迁建，启动了14个新型住宅社区建设。

（四）提高管理水平，彰显城市魅力

2008年以来，相继成立了城管局、城投公司、拆迁办，建立了城市管理、融资、拆迁方面的长效机制。在环卫管理上，通过划片分区、公开招标、承包管护、实时监控等措施，初步实现了城市管理全覆盖。环境整治上，更新改造广告牌匾4300块，对城区6条主街道两侧机关、企事业单位的75栋楼体和11个重要节点进行了立面包装、亮化改造，彰显了城市魅力。

（五）打造立市产业，做大做强城市经济

围绕采暖铸造、化工、玻璃钢三大战略支撑产业和汽车配件、医疗器械、农产品加工三大区域优势产业，搭建起"一区三园六基地"的园区架构，重点建设了以北汽福田铸件基地为龙头的现代铸造园、以中煤银海煤化工为龙头的循环经济园、以国际复合材料园为龙头的玻璃钢产业园。目前，各类园区共入驻企业180家，总投资120亿元，实现了产业的集约发展和城市规模的快速扩张。依托区域优势，启动建设了义乌国际商贸城、医药物流园、恒通棉业仓储中心等项目，三产比重不断提高。

"三年大变样"带来的思考

刘全会

全省城镇面貌三年大变样工作开展以来,我们立足"滨湖、文化"两大优势,投资105亿元,建设了88项城建重点工程,完成拆迁184.5万平方米,城市建成区面积由12.6平方公里增加到16.5平方公里,市区人口由13万人增加到15.2万人,城镇化率由43%提高到47.08%,先后获得"省级卫生城市""省级园林城市"等荣誉称号。在河北省城镇面貌三年大变样总结表彰大会上,我市荣获"河北省城镇面貌三年大变样工作先进县(市)"称号,名列全省第五名,受到河北省委、省政府隆重表彰。陈全国省长对冀州市"三年大变样"工作给予充分肯定,并批示:"冀州市三年打造一个现代化滨湖新区,思路好、措施实、力度大,其经验可总结推广,要把冀州建设成为北方的明星城市。"

"三年大变样"工作,我们取得了可喜的成绩。但我深深地感到,"三年大变样"带给我们的不仅仅是城镇面貌发生了翻天覆地的变化,更为重要的是带来了思想观念、精神状态、能力素质、体制机制等诸多方面的深刻变化,创造了许多可资借鉴的好做法、好经验,对冀州未来发展产生了长久而深远的影响。

一、"三年大变样",崛起的是现代城市,彰显的是先进理念

日新月异的城市面貌改变、大规模的城建工程实施、市场化的城建资金

运作,给全市干部群众的思想带来极大触动,有力地推动了思想解放。过去封闭、保守的思想"壁垒"被打破,视野窄、思路窄的思想"坚冰"被消融,广大党员干部学会了从更深的层次、更高的站位来审视发展中的问题,一些先进的理念在"三年大变样"工作中得到充分展现。

（一）生态环保的理念深入人心

"一湖清水"是冀州最大的资源、最大的优势。围绕保护衡水湖,我们强力推进以"拆违、拆旧、拆临、拆污"为主要内容的城市拆迁,完成拆迁120万平方米;相继建成了污水处理厂、垃圾处理场并正式投入使用,切断了所有向衡水湖排污的通道;下大力推进冀午渠、冀码渠城区段改造,构建了湖渠共生的生态水系。争取上级和外来资金18.2亿元,建设了63项节能减排重点工程,进一步淘汰了落后产能,保护了生态环境,促进了技术创新和产业升级。既要金山银山,更要碧水蓝天的发展理念,得到了全市广大人民群众的普遍认同。冀州的生态资源优势在"三年大变样"中得到放大和提升,越来越多的投资者被其吸引而选择冀州。

（二）打造精品的理念深入人心

我们坚持"留精品,不留遗憾;留丰碑,不留败笔"理念,规划处处体现大手笔,设计处处体现了高水平,建设处处体现了大气魄。三年来,用于规划的设计费用达到4000多万元。碧水湾大酒店由法国AMA公司设计,广电中心和文化艺术中心规划建设标准居全省县级同类建筑首位,这两大工程已成为市区北入市口的标志性建筑。滨湖新区以滨湖大道分界,在南侧规划建设了300万平方米的高档商住区,在北侧重点打造两平方公里的生态公园,精心塑造了"亲水、怀古、生态、现代"的城市风格。2010年9月,20项重点工程全部竣工,滨湖新区已成为冀州形象的标志区、历史文化的展示区、第三产业的聚集区。"三年大变样"期间,高起点规划、高标准建设、注重细节、追求完美的工作理念,也成为全市干部群众的高度共识。

（三）勇于创新的理念深入人心

资金短缺是城市建设的突出问题,三年来,我们大胆改革创新,较好地破解了资金瓶颈。实施平台融资,成立了城建投资公司,成功融资6亿元,初步

实现了由"有多少钱干多少事"向"有多少事筹多少钱"的转变。加强招商引资，面向全省、全国，全面开放规划市场、建筑市场、房地产市场，引进了包括国际老年社区、吉美购物广场、湖滨生态会馆、碧水湾大酒店在内的总投资近百亿元的城建项目。同时，运用现代融资手段，通过BT、BOT模式融资5亿多元，建设了城市热网、天然气管网、滨湖公园绿化和景观照明等工程。做好土地增资，坚持政府垄断土地一级市场，实施统一规划、统一拆迁、统一出让，将"生"地养"熟"，推行净地出让，走土地生财、滚动发展的路子。三年来，土地经营收益达到5.6亿元。大力度向上争资，抢抓国家政策机遇，加大跑办力度，三年来，共争取上级各类资金6.5亿元。

二、"三年大变样"，调整了产业结构，积蓄了发展后劲

做城市就是做产业。城市建设不但要宜居、宜业，体现匠心，还要为产业结构调整、经济发展方式转变提供动力和平台。

（一）以园区聚集产业

三年来，我们围绕采暖铸造、化工、玻璃钢三大战略支撑产业和汽车配件、医疗器械、农产品加工三大区域优势产业，搭建起"一区三园六基地"的园区架构，重点建设了以北汽福田铸件基地项目为龙头的现代铸造园、以中煤

◎ 冀州滨湖大道

银海煤化工项目为龙头的循环经济化工园、以国际复合材料园项目为龙头的玻璃钢产业园。规划面积18平方公里的工业聚集区相关规划、环评已经通过专家评审。目前，各类园区共入驻企业180家，总投资120亿元，实现了产业的集约发展和城市规模的快速扩张。

（二）以搬迁促产业升级

围绕保护衡水湖，强力推进"退二进三"，将位于衡水湖南岸的春风集团8家企业，全部搬迁至现代铸造园，每一家企业的搬迁都不是简单的异地重建，而是与改造传统工艺，促进产业技改升级同步进行。搬迁后的企业，全部采用国际一流生产工艺和设备，生产能力提高了10倍，实现了由加工毛坯铸件向加工精密铸件的升级。

（三）以增量调结构

随着环湖拆迁的推进、企业的有序退出，为第三产业发展腾出了空间。在拆迁原址建设了公园、广场、码头、博物馆等一批重点项目，带动了商贸、旅游、休闲、餐饮等第三产业快速发展。2010年"十一"长假期间，滨湖新区游客日均达到5000余人次，同比增长130%，冀州的旅游业步入了加速发展的快车道。同时，借助产业优势、交通区位优势和滨湖生态优势，加快物流业发展，引进建设了总投资62亿元的义乌国际商贸城、医药物流园、门窗橱柜园、恒通棉业仓储中心、华林家居装饰物流中心和永生小麦仓储物流等项目,产业结构正由二三一向三二一转变。2010年11月和2011年初,我们先后两次在北京集中签约了46个项目,总投资达到277亿元。未来五年,冀州财政收入将翻一番半,达到10亿元。对此我们充满信心。

三、"三年大变样"提升了外在形象,凝聚了内在力量

"三年大变样"任务艰巨,硬任务催生作风大转变。各级干部始终保持着饱满的激情、昂扬的斗志,创造了冀州速度,诠释了冀州精神,展示了冀州风采。四大班子齐上阵,既当指挥员,又当战斗员。三年来,召开"三年大变样"大型专题会议十几次,各种现场会、督导会等近百次,协调解决各类问题近千件。工作中,积极推行"一线工作法""5+2""白加黑",把指挥部设在工地,把问题解决在一线。为了实现和谐拆迁,牺牲了大量的休息时间,苦口婆心,耐心细致做工作。多年来想拆没有拆成的地段拆了,多年的"断头路"打通了。各建设施工单位坚持争就争第一、干就干最好,始终保持高昂的斗志、决战的姿态,各尽所能,奋力拼抢,实现了快速度、高效率、高质量。"勇夺第一、志争一流"的新时期冀州精神,在"三年大变样"中得到了充分诠释。

四、"三年大变样"惠及广大群众,促进了社会和谐

"三年大变样"是关注民生、重视民生、保障民生、改善民生的一项重大民心工程。我们始终坚持以群众的意愿为"指南针",以民生的标准为最高标准,把改善民生作为城市建设的根本出发点和落脚点。三年来,我们实施了30多项重大民生工程,投资额占到城建工程总投资的40%。为了让市民吃上放心水、用上安全气、过上温暖冬,新建湖滨供水水厂一座,实施了市区热网改造工程和天然气管网工程。为了让市民住有所居,在建设了阿卡利亚湾、熙湖茗苑等12个高档住宅小区的基础上,加大了保障性住房建设力度,完成了廉租住房364套、经济适用房410套。三年来,累计住房保障户数达到全市城镇居民总户数的10.7%,住房保障资金支出总额达到全市财政支出的12.56%,保障性住

房建设用地面积达到全市住宅建设用地面积的35.8%。为了让市民病有所医，建设了全省县级一流的市医院综合住院部大楼，并对乡镇中心卫生院进行改造。为了让市民闲有所乐，建设了江北地区县级最大的城市亲水公园滨湖公园、国内最大的元明清古瓷器展馆冀宝斋博物馆、衡水市单体建筑面积最大的购物广场吉美购物广场、衡水湖较大规模的生态旅游码头碧水湾港、衡水湖周边第一座五星级酒店碧水湾大酒店等等。"三年大变样"，实现了"城市让生活更美好"的愿望。

（作者系中共冀州市委书记）

滨湖新城展新篇

刘占强

开展城镇面貌三年大变样工作,是河北省委、省政府着眼科学发展和现代化建设长远目标,实施的一项重大战略举措。三年来,在河北省委、省政府的正确领导和强力推动下,全省进入城建史上规模最大、投资最多、力度最强的时期,大家都能亲身感受到城市大了、美了、亮了,城乡居民的幸福指数显著提升。特别是城镇面貌三年大变样在应对突如其来的金融危机冲击,实现中央提出的"保增长、保民生、保稳定"的目标,确保河北平稳较快发展上发挥了巨大的作用。实践证明,河北省委、省政府提出"三年大变样"的战略部署是正确的、及时的,推动工作开展的思路和举措是科学的、务实的,是完全符合科学发展观要求的,最终成效也是十分明显的。

三年来,冀州始终把城镇面貌三年大变样工作摆在全局和战略位置来抓,按照云川书记"做城市本质是做产业、做民生、做城乡统筹发展"的要求,投资105亿元建设了88项城建工程,城市建成区面积由12.6平方公里增加到16.5平方公里,市区人口由13万人增加到15.2万人,城镇化率由43%提高到47.08%,先后获得"省级卫生城市""省级园林城市""全国绿化模范市"等荣誉称号。在2009年度河北省宜居城市建设"燕赵杯"竞赛中,位列全省县级城市考核评比第五名。在2009年度全省城市环境

综合整治定量考核中，位列县级城市第九名。在全省三年大变样考核验收中，被评为"河北省城镇面貌三年大变样工作先进县（市）"，位列全省第五名。

一、打造了一个靓丽的滨湖新城

高度重视规划的引领作用，并坚持面向全省、全国，全面开放规划市场、建筑市场、房地产市场，规划建设了一批精品工程、标志性建筑。聘请上海同济大学规划设计了10平方公里的滨湖新城，依托"滨湖、文化"两大优势，建设了滨湖公园、碧水湾大酒店、文化艺术中心、广电中心、吉美购物广场、湖滨生态会馆、碧水湾港、冀宝斋博物馆等十大精品工程，其中滨湖公园为江北地区县级最大的亲水公园、碧水湾大酒店为衡水湖周边第一座五星级酒店，广电中心和文化艺术中心是全省县级一流媒体平台，吉美购物广场为衡水市单体建筑面积最大的购物广场、湖滨生态会馆为河北省东南部旅游功能较为齐全的娱乐场所、碧水湾港为衡水湖及周边地区较大规模的生态旅游码头、冀宝斋博物馆为国内最大的元明清民间古瓷器展馆。在滨湖大道以南开发了阿卡利亚湾、熙湖茗苑、金第城等118万平方米的商住社区，高层、小高层达到50栋，一个"生态、现代"的滨湖新城魅力初显。

二、实施了一批惠及百姓的民生工程

三年来，坚持做城市就是做民生、以统筹理念指导城市建设，在城市路网、供暖供气、给水排水、文化旅游、教育卫生等层面，实施了一批惠民利民项目，使广大市民充分享受到了城市发展成果。新改建滨湖大道、长安西路、建设大街、迎宾大街等城市道路和小街小巷41条60.8公里，打通了兴华大街等一批困扰市民多年的断头路，建成安济桥、长安桥等8座桥梁，搭建起"六纵七横一环"的路网结构。开展园林绿化建设，营造生态景观，人均公园面积达到20.36平方米。实施市区热网改造工程，供热能力由70万平方米增加到422万平方米，并在全省县一级率先实现了供热全天候。建设了天然气城网工程，城区15万居民用上了清洁廉价的能源。污水处理厂、垃圾处理场、湖滨水厂建成使用，使城市环境质量明显改善，承载能力大幅提升，基本达到了中等城市的标准。

三、解决了一批热点难点问题

在"三年大变样"工作中，坚持破解热点难点问题，突破瓶颈制约，推动工作开展。三年来，实施了大力度的透湖拆迁、旧居住区拆迁和城中村拆迁，完成拆迁面积184.5万平方米，新增、盘活建设用地5600亩。为破解资金瓶颈，积极创新融资方式，成立了城建投资公司。加强保障性住房建设，建成廉租房364套、经济适用房410套、公租房75套，大大改善了低收入群体居住条件。加强城市道路和环境卫生综合整治，对市区广告牌匾、沿街立面、夜景亮化进行了更新改造，城市面貌焕然一新。

"三年大变样"工作带来的成效不仅仅停留在城市建设上，其积极意义是多方面、广角度、深层次的，更多的是带来了思想观念、精神状态、能力素质、体制机制以及经济社会发展等诸多方面的深刻变化，创造了许多可资借鉴的好做法、好经验，必将进一步坚定广大干部群众加快冀州城市发展的信心和决心。

四、"大变样"引发了思想的大解放

"三年大变样"工作给广大干部群众特别是基层干部群众的思想带来极大触动，主要表现为思路变宽了、胆识变大了、办法变多了。比如冀州只是一个年财政收入仅4亿元的县级市，但是三年来却投资105亿元建设了88项城建工程。为破解资金瓶颈，我们立足改革创新，在全省率先成立了城建投资公司，成功融资6亿元，建设了一大批城建重点工程，并运用现代融资手段，通过BT、BOT模式建设了一大批基础设施项目，初步实现了由"有多少钱干多少事"向"有多少事筹多少钱"的转变。为理顺城市管理体制，成立了城管局、城投公司、拆迁办等单位，建立了城市管理、融资、拆迁方面的长效机制。城市拆迁上，坚持"组团成片、区域开发"的原则，改造区域占地面积控制在50亩以上、改造后建筑面积控制在5万平方米以上，确保了改造效果，并由市政府

主导实施大兵团作战的拆迁方式,确保了拆迁速度。在廉租房建设上,采取自主选择"租售并举"的方式,受到群众拥护,并取得良好效果。三年完成拆迁面积184.5万平方米,全部实现了和谐拆迁、无震荡拆迁,没有发生一起上访事件。

五、"大变样"促进了作风的大转变

我们积极推行"一线工作法""5+2""白加黑",把指挥部设在工地,把问题解决在一线,把细节协调在基层,推动了工作的快速开展。冀州市兴华大街北段的拆迁改造,仅用30天时间就完成拆迁任务,不但打通了困扰全市15年的"断头路",拉近了市区与衡水湖的距离,而且为全市的滨湖新区开发奠定了基础。建设大街北段原来为半幅路,通过拆迁改造,不但拓宽了城市道路,

◎ 冀州九州文化广场

为市医院住院大楼建设留足了空间,而且实施了全市第一个旧居住区改造项目,建设了鑫鼎佳苑小区,创造了一年回迁的冀州速度,受到了广大被拆迁户的拥护,实现了"一拆三赢"的良好效果。2009年对市区集中供热管网进行了更新改造,解决了困扰全市8年的供热难题,供热能力由70万平方米增加到420万平方米,并在全省县一级率先实现了供热全天候。

六、"大变样"实现了环境的大改善

基础设施不断完善,三年来,建设了集中供热管网、天然气进城入户网、河湖水系网、路网、绿网、污水处理厂、垃圾处理场等一大批工程,城市环境明显改善,城市承载能力显著提高,基本达到了中等城市的标准。建设了市医院住院部大楼、城市水厂等30多项重大民生工程,投资额占到城建工程总投资的40%。规划建设了30平方公里的滨湖新城,成为展示冀州城市形象的重要窗口。加大节能减排力度,三年来投资18.2亿元建设了63项重点工程,实施了衡水湖网箱、围埝、拦网养殖取缔活动,湖水水质由劣五类提高到三类,被评为全省"双三十"节能减排优秀单位,位列第四名。环境的改善吸引了大批国内外客商,先后引进了日本积水化学、中煤、中油、中棉等10余家中字头、国字号、国内外500强企业。2008年以来,连续三年在北京举办重大项目签约活动,2011年1月10日总投资150亿元的29个项目成功签约。

七、"大变样"推动了经济的大发展

通过城镇面貌三年大变样,进一步集聚了发展要素,优化了发展环境,不但拉动了投资,促进了就业,搭建了平台,而且对全市经济特别是三产经济发展起到了巨大的推动作用。建设了五星级酒店、旅游码头、冀宝斋瓷器博物馆、九州文化广场、滨湖公园等重点工程,带动了商贸、旅游、休闲、餐饮等第三产业发展。2010年"十一"长假期间,滨湖新城游客日均达到5000余人次,同比增长130%。借助产业优势和区域优势,加快物流业发展,启动建设了义乌国际商贸城、医药物流园、恒通棉业仓储中心、华林家居装饰物流中心和永生小麦仓储物流等项目,三产比重不断提高。三年来,冀州共建设超亿元项目79

个，完成城镇固定资产投资68.3亿元，建筑、房地产业实现税收近2亿元，为全市新增就业岗位近万个，开发区面积扩展了4平方公里，入驻企业增加了44个，财政收入增长50.8%，GDP增长19.4%，农民人均纯收入增长20.6%，城镇居民人均可支配收入增长48.2%。

（作者系冀州市人民政府市长）

拥抱衡水湖　做足水文章
以滨湖新区推动城市大发展

三年前,这里还是一片尚待开发的处女地,杂草丛生,污水横流,到处是低矮的临建、违建。

三年后的今天,这里已是现代化滨湖新区,典雅的瓷器博物馆、现代时尚的广电中心、帆状的五星级大酒店、波浪造型的生态会馆等一座座新颖别致的建筑,犹如珍珠般点缀在带状公园间……站在冀州市滨湖新区双向十车道的湖滨大道上放眼北望,仿佛是在欣赏一幅美丽的图画。

这里,点燃的是投资兴业的热情,燃烧的是创业拼搏的激情!滨湖新区,这个城市空间的拓展区、跨越发展的桥头堡、科学发展的排头兵,正以其前所未有的大魄力、大手笔,成为冀州乃至全省实现科学发展的恢宏见证!

一、把最好的环境资源转化成发展的最大亮点

"这里曾是城市最脏乱的地方"。在滨湖新区春澜路一座别致的景观桥边,正在湖边垂钓的李建胜老人,对三年前衡水湖及周边的脏乱差现象记忆犹新。过去,衡水湖中密密麻麻分布着众多网箱、拦网、围埝,就像一个大养殖场。湖边,不算水泥厂、炼铁厂、色织厂,仅采暖铸造企业就有32家,每天排入衡水湖的生产和生活污水就有1.5万吨。

◎ 冀州污水处理厂

"把最好的环境资源转化成发展的最大亮点"。2008年以来，冀州市连续开展了透湖拆迁、净化衡水湖环境综合整治行动，关停搬迁各类企业30多家，拆除各类门店住宅500多户；清理取缔湖区养鱼网箱1058个、拦网养鱼4350亩、围埝养鱼5800亩。建设了污水处理厂、垃圾处理场并投入运营，衡水湖环境明显改善。

立足深厚的历史文化底蕴和得天独厚的滨湖优势，冀州市确立了建设滨湖文化名城的发展定位，启动了滨湖新区建设。新区位于冀州新城区、衡水湖与古城区交接地带，规划面积30平方公里，其中核心区面积10平方公里，规划建设了酒店、广场、公园、码头、会馆等20项城建精品工程……

新建成的滨湖公园亲水栈道旁，几位老者悠闲地挥动鱼竿，好一幅优美的垂钓图！从小就喜欢玩水的田建国老人边放鱼饵边说："衡水湖过去可没这么漂亮，杂草丛生，蚊蝇乱飞，和现在比真是天壤之别。你看现在，小桥流水，远处一幢幢高楼一天一个变化，在这里钓鱼，心情格外舒畅！"

"你看现在我们冀州，城市味越来越浓了，周末就爱到滨湖新区转一转、看一看，景色太美了。"说起冀州的变化，家住县城信都小区的曹大妈满脸荡漾着幸福。靓丽的城区甚至催生出一种"美丽经济"：私企老板接待客户时，总要先拉着客人在滨湖新区转上一圈，走走停停间项目就"落户"了。

滨湖新区的建设，使冀州的城市品位显著提升，竞争力显著增强，良好的环境吸引了中棉、晋煤、中钢研等10家"中"字号、"国"字号企业落户建设，来此参观考察的各界人士络绎不绝。省长陈全国对冀州大气魄建设滨湖新区的做法给予了充分肯定，并作出重要批示："冀州市三年打造一个现代化的滨湖新区，思路好，措施实，力度大，有经验可总结，望乘势而上，把冀州建设成为北方的明星城市。"

故宫博物院资深专家、今年88岁的耿宝昌先生，回到家乡时倍感振奋。谈到冀州在城镇面貌三年大变样活动中所发生的变化，耿老赞不绝口。他说："一个有品位的城市,它的产生需要一个有品位的政府。反过来讲，一个品位缺失的城市，势必会让人怀疑政府品位的高低。"

二、力争把每项工程都建成精品

冀州市临水而建，是世界上距离湿地最近的城市，国家级湿地衡水湖75平

◎ 冀州滨湖公园

方公里水面有57平方公里在冀州境内。谋划城市建设美好蓝图,未来的冀州该怎么变,会变成什么样?

冀州市坚持以思想的大解放、城门的大开放、资金的大投入,激活规划设计市场,把能人、名人、高人请进来,搞顶级规划、顶级设计、顶级开发。法国AMA建筑设计公司是闻名世界的城市建筑设计、城市布置、城市建设规划公司。他们在法国和世界其他15个国家和地区有广泛的研究项目和建设项目。冀州市领导班子找到该公司时,负责人罗伯特先生非常惊讶,他为冀州市领导表现出来的魄力所感动,积极出谋划策。

滨河新区的所有重点工程,规划设计全部出自国内外一流规划设计单位。新区总规出自上海同济大学城市规划设计院,湖滨生态会馆由沈阳美景环境艺术公司设计,碧水湾五星级酒店由法国AMA公司担纲……

走进滨湖公园,第一感觉就是大气。滨湖新区核心区面积10平方公里,而滨湖公园就占了2平方公里。其中,绿化面积80万平方米,栈道平台面积2.3万平方米,7个广场面积达25万平方米。穿行其中,大到历史名人雕塑长廊、游赏码头,小到石亭、花架和路灯,处处让人深感精致之美。"不做则已,做就要做成精品。"该公园在设计之初先是比较了国内12家甲级资质单位的概念性设计,后来又确定4家单位分别进行具体的规划设计。之后,经过专家严格评审,最终选定了北京中外建建筑设计公司的方案。

精品理念催生了一系列精品工程:冀宝斋博物馆为国内最大的古瓷展馆,滨湖公园为长江以北最大的县级城市亲水公园,广电文艺中心为全省县级一流媒体平台,碧水湾港为衡水湖及周边地区较大规模的生态式旅游码头……

衡水百货大楼(集团)股份有限公司总经理侯荣芳介绍说,他们之所以投资1.5亿元在冀州建设多功能、综合性购物中心,就是充分感受到新冀州积聚的人气!

谈到冀州样本经验,衡水市政府研究室主任马学林说,冀州城市建设的成功经验就在于他们务实高效的作风,冀州决策层能够把规划思路落实到细处、抓到实处,从调研论证到研究拍板,从章程制定到组织设计,无不经过慎之又慎、细之又细的工作，好比种庄稼之前的选种，用了精心挑选的种子，再施以温度适宜的成长环境，自然保证了庄稼的茁壮成长！

三、变"有多少钱办多少事"为"有多少事筹多少钱"

过去，冀州市政府的一些固定资产一直分属于各个部门，由于产权分散，无法统一高效利用。2008年，冀州市将这些资产的产权集中起来，成立了衡水市第一家、全省第二家县级城投公司。

汲取个别地区城投公司因重"引血"、轻"造血"，导致因偿债能力过低破产或举步维艰的教训，冀州市从财政资金、土地出让收益和其他经营开发性收入中拿出一定比例资金，设立了城建项目偿债基金，形成了以盈利性项目为载体，以城建项目偿债基金为还款来源的偿债保障机制，坚定了投资者对城投公司的信心。通过城投公司运作以及采取BT、BOT等融资手段，该市先后融资11亿多元，加快了城市基础设施建设。

滨湖公园仅绿化工程的投资就达3600多万元。冀州市城投公司采用BT模式，先由工程承建方投资建设，工程竣工并验收合格后，先支付10%工程款；养护期满后，再支付30%的工程款和一定利息；随后三年内，分年度支付剩余的工程款息。在此期间，承建方必须保证所栽灌木成活率达到99%，乔木成活率达到100%。该项目的实施，开创了我省城市市政绿化采用BT模式的先河。

通过拓展城建融资渠道，冀州市解决了许多以前想干却干不成的事，初步实现了由"有多少钱办多少事"向"有多少事筹多少钱"转变。冀州市供热管网超期服役八年，不仅难以适应城区扩大后的需求，而且跑冒滴漏严重，供热效率低。该市采用BOT模式，向社会融资1亿元实施了热网改造，成功解决了政府多年未能解决的难题。

北京市煤气热力工程设计院是全国最早从事城市燃气和热力工程设计的专业设计院，他们是国内供热网、压力容器建设施工标准的制定者，供热管网设计水平在国内无人能及。肖锡发院长由衷地感叹说，冀州这样的县级市领导，敢上门找他们这样的权威来建设热网，"冀州气魄，冀州品位真了不起！""三十年内领先，五十年内不落伍"的热网建设，总投资1.45亿元，工

程历时210天成功投用。冀州热网建成了首站一座、换热站43座、管网80公里，供热半径由5公里延伸到15公里，一举把该市供热面积由现在70万平方米增加到422万平方米，供热时间由10小时改为全天候、全覆盖。

与朋友共同出资1亿元入股冀州城通热力公司的温州客商金国冲说："走进冀州市区，高标准的水泥路面四通八达，新开发的商业楼鳞次栉比，鲜花绿地赏心悦目，住宅小区整洁漂亮。这都是冀州大干实干的结果。尤其是拆建并举，让投资者更有信心，我是被冀州建设的速度所感染，才来冀州投资的！"

三年来，该市共实施了88个城建项目，总投资105亿元。其中70%的资金来自招商引资。

"冀州仅是一个年财政收入4亿元的县市，短短的三年时间里却投资达100亿元搞城市建设，思路真是太宽了，办法真是太多了……"每一个来冀州参观考察的领导、专家都对冀州的融资做法给了充分肯定，宋恩华副省长就此作出"请住建厅阅研"的专门批示……

四、构建"大城管"格局　实现城市长效管理

"三分建，七分管"，依靠科学管理城市，冀州市先后被评为"全国环境优美小城镇、省级园林城市、省级卫生城市"，这座"三分秀色二分水，一城风景半城湖"的宜居滨湖文化名城，果真名不虚传，备受世人瞩目。

主抓这项工作的冀州市委常委、常务副市长王建民介绍说，共识凝聚力量。为此，冀州市委、市政府按照分级负责、重心下移、责权一致的原则，大力调整了城市管理体制。冀州市在衡水市率先将原来分属建设、房管、工商、环保等多个部门的城市管理职能，统一纳入新组建的城市管理局，由多个部门分散行使的城市管理权集中使用，使城市管理责任主体更加明确，避免了以往长期存在的部门连接脱节、各自相互推诿的现象，实现了城市管理"一盘棋"，为实施精细化管理打好了基础。

冀州市委、市政府先后制定出台了《冀州城市市容和环境卫生管理规定》等6个地方性城市管理规定，并以市长令的形式颁布实行。这不仅使城管改革得以无阻碍实行，还充分调动起了全社会参与城市管理的积极性，由"一人保洁，万人造脏"变成"一人清扫，万人保洁"！如今，冀州市区没有一名正式的清洁工和园林工，却使"三纵三横"、长85公里主次干道、面积10平方公里的市区全天保洁，四季常绿！

曾担任河北省宜居城市环境建设"燕赵杯"竞赛检查团团长、省建设厅巡视员的边春友在谈到冀州市的科学管理时，给予高度评价。他总结说，冀州在科学管理城市中，进行法制化、社会化、专业化探索，营造了城市"专责管"氛围，激发了科学管理城市的内生活力。

冀州将城市管理市场化，对绿化工程、日常维护等公开招标，市区环卫和绿化管理分别划分为几个区域，并严格制定了达标标准，逐步建起了完善的市场化运作模式。周边一些市县同业参观后拍手称绝，纷纷效仿。

以每年7万元竞标成功的市区环境卫生第四区域的承包人侯建国说，几年下来，他感触最深的一点就是清扫保洁"四净四无"、厕所清淘"四无五清洁"等一系列工作标准，让他们随时绷紧责任这根弦，稍有疏忽就会被电视台曝光，丢人现眼。

小广告向来被称为城市的"牛皮癣"，治而复发。针对这一顽疾，冀州通过与专业公司合作，以每年3万元的资金承包市区小广告治理，全天候监管，一有喷涂粘贴立即清除，使小广告散发者只有投入而无利益回报。通过长时间较量，小广告在冀州基本被铲除！

专业化承包、企业化运营、社会化服务，冀州市城市管理在时间上做到了全天候无空档，空间上实现了全覆盖无缝隙，使冀州市容市貌井然有序。

在社区，他们充分发挥楼长作用，搞好社区楼院的环境卫生和文明劝导。居住在信都花园小区72岁的申东河老人兴奋之情溢于言表："如今俺住的地方，不仅水电暖功能齐全，物业管理井井有条，而且鲜花绿地赏心悦目，幼儿园、健身房豪华气派，一点也不比大城市的花园小区差。"

科学管理城市，带来城市面貌焕然一新。如今，街道整洁、交通有序、绿树成荫、新景如画的新冀州，正向人们款款走来！

（作者　耿松雨）

青龙
QINGLONG

◎贫困山城换新颜
◎贫困山城巨变心曲
◎山区县实现"大变样"的实践与思考
◎"三年大变样" 魅力新青龙

贫困山城换新颜

中共青龙满族自治县委　青龙满族自治县人民政府

青龙是满族自治县、国家扶贫开发重点县和革命老区,素有"八山一水一分田"之称,总面积3510平方公里,辖25个乡镇、1个街道办事处、396个行政村、2215个自然村,总人口54.3万人,其中满族人口占69.1%。2008年以来,在河北省委、省政府和秦皇岛市委、市政府的坚强领导下,在省市相关部门的大力支持和帮助下,青龙满族自治县坚持把城镇面貌三年大变样工作作为加快城镇化进程、改善人居环境、促进经济发展的重要抓手,实施了历史上规模最大、投资最多、力度最强、进度最快的城市建设工程,城市面貌发生了深刻变化。

三年来,累计实施重点城建项目98个,完成投资42.6亿元,拆迁拆违40.03万平方米,新增商住楼157万平方米,县城人口由2007年的6.9万人增加到8.2万人,建成区面积由4.5平方公里拓展到7.9平方公里,相当于再建了一座新城。2009年6月,秦皇岛市城镇面貌三年大变样暨项目建设现场观摩会在青龙满族自治县召开。宋恩华副省长来青龙视察时,对青龙满族自治县城镇面貌三年大变样工作作出"山城巨变、名不虚传"的高度评价。2010年12月,青龙满族自治县获得了"全省城镇面貌三年大变样工作先进县"和"省级园林县城"两项殊荣。我们的主要经验做法有以下几点。

一、抓住思想解放这个"总阀门",着力破解"贫困山城怎样变"问题

我们之所以有这样的巨变,主要源于始终把思想的大变样摆在首位,以思想的大解放推动城市建设大发展。

(一)向认识要动力

我们始终这样看"三年大变样":它不仅是加快城市发展、提升城市形象的有形抓手,更是经济工作的重要组成部分。全县上下形成了"抓城建就是抓经济、抓发展、抓竞争力"的广泛共识。基于这种认识,产生了一种内动力和推动工作的爆发力,因为我们不是为了完成任务被动工作,而是由积极性、主动性带来工作的创造性,凝结了"一年一大变、三年有巨变"的奋斗目标,叫响了"山城也要谋巨变,穷县也要富建设"的号子。三年来的生动实践,广大群众已由刚开始的不理解变为现在的大力拥护,在"每一天都在变"的惊喜中找到了城市的感觉和自豪。

(二)向规划要方向

按照中等城市框架,不惜重金聘请国家顶级规划设计单位,大手笔描绘城市发展蓝图。投资500万元建设了高标准的城市规划展厅,具体描绘了城乡未来发展前景。投资1200多万元,完成了县城总体规划修编和给水、排水、供热等15项专项规划编制,县城区建设用地控制性详细规划实现全覆盖。我们发展目标是:到2020年建成区面积达到40平方公里、人口达到20万人以上;发展思路是"南开、北拓、中改、东商、西园";主要抓手是"两平两上"(即旧城区平改楼和向北部山地拓展平沟上坡,基础设施配套上档次和城市管理上水平),2010年实施了"双五十工程"(即50个城建项目、总投资50亿元),体现大手笔、大气魄、大作为。

(三)向集中要统筹

结合新民居建设,抓住城乡"一个统筹",摆开县城和中心镇"两大战场",突出向县城集中、向中心镇集中、向中心村集中的"三个集中"。具体举措是,向县城集中,开辟农民进城绿色通道,将3所农村高中撤并至县城,"以教兴城";投资4.8亿元建设以汽博城、家居建材城为龙头的商业物流区,"以商

◎ 青龙县城一角

活城"；大力发展县城工业园，"以工带城"。向中心镇集中，在中心镇多村联建新民居，打造一批"万人重镇"。向中心村集中，通过扶贫搬迁，把生产生活条件恶劣村的群众集中到中心村居住。

（四）向改造建设要承载能力

三年累计完成市政基础设施投资16.5亿元，是过去20年的总和。高标准改造了燕山路、祖山路，打通了龙泉街、金源街、商业南街，新建和改造城市道路44.4公里，城区道路总长度由2007年的36公里增加到80.4公里，人均道路面积由7.68平方米增加到23.46平方米，过去的两条小街变成了现在的"三路十二街"。率先在秦皇岛市四县实现县城集中供热，拔掉126根烟囱，供热能力达到300万平方米。新建县城引水工程，从根本上解决了县城居民用水安全问题。新建水冲式厕所12座、便民市场3处、停车泊位1730个。迁建了长途汽车站，成立了城市公交公司，新增公交车40辆。市民生活环境更加舒适便捷。

二、抓住以人为本这个"根本点"，着力破解"城市拆迁难"问题

在破解这个问题上，我们把握一个总原则，就是体现"雪中送炭"，突出重点、把握节奏。不是简单的"四面开

花"，而是瞄向危旧小区、棚户区和侵街占道、临违建筑。

（一）把群众利益放在首位，让拆迁户拥护旧改

坚守拆迁改造最大受益者是老百姓的理念，按照"开发商利润最低化、群众利益最大化"的原则，制定合理的拆迁补偿方案，确保所有拆迁户"搬得进、住得起"。广泛引导群众算好"旧房变新楼的经济账、农民变市民的政治账、村庄变城市的环境账"，理解党委、政府的良苦用心。尤其对居住密集的棚户区，政府不但不要收益，而且还投入资金用于公建配套。

（二）把规范程序作为准则，让拆迁户感到合理、合情、合法

严格按照入户调查、登记丈量、签订协议、动迁安置四个步骤开展工作，推行"三公开"（即补偿安置标准公开、丈量结果公开、回迁房建设方案公开），实行"三监督"（即内部监督、群众监督、公证监督），真正做到公正公平、阳光操作、透明运行，消除群众相互猜疑和不信任心理。

（三）发扬"三千三心"精神，让拆迁户自知不拆就是理亏

"三千"就是千辛万苦、千言万语、千方百计；"三心"就是热心、耐心、细心。迎宾路北侧拆迁中最难的一户，工作人员曾先后入户48次，动员了所有亲属做工作。

（四）把慎用强拆、善用手段作为底线，让拆迁户深知大势所趋

对漫天要价的"钉子户"，竭尽全力争取主动拆迁，从不轻言放弃。依法摆开强拆架势，但从不轻易出手。我们拆迁了1362户，没有对一户实施真正的强拆，也没有出现一起群体访和恶性事件，真正实现了和谐拆迁。

三、抓住个性特色这个"大亮点"，着力破解"打什么城市品牌"问题

城市的个性和特色是城市魅力和竞争力的源泉。青龙的城市定位是建设"区域中心之城、山水园林之城、民族特色之城"。

（一）突出满族文化，塑造城市之魂

注重把满族符号融入到城市肌体当中，投资4800万元建设了民族文化广场，荟萃了青龙厚重的人文历史；投资7300万元建设的民族文化宫和民族博物馆，是青龙最具民族特色的标志性建筑；投资4亿元，打造了三条"特色鲜明、

风格迥异"的精品样板街；总投资2.5亿元的满族风情园和星级宾馆正在建设之中。

（二）突出山水生态，涵养城市之脉

新建了标准化污水处理厂和垃圾填埋场，污水处理率和生活垃圾处理率均达到100%。新增城市绿地125万平方米，建成区绿地率由2007年的23.3%提高到43%，人均公园绿地面积由11.3平方米增加到28.5平方米，"省级园林县城"创建工作顺利通过验收。城区空气质量二级以上天数由

◎ 上图：青龙民族博物馆
◎ 下图：青龙住宅小区

2007年的296天提高到360天。居山亲山，投资4200万元，建设了南山生态观光园，让青山走进城市，成为市民休闲健身的好去处。投资5622万元，对南河实施综合治理，建设了蓄水橡胶坝、汉白玉河堤护栏等景观，形成了9.8万平方米连续水面，昔日垃圾遍地、污水横流的南河如今湖光山色、碧波荡漾。南山、南河与现代化迎宾大道，共同构成了一条山水相依、水城相连的"十里景观长廊"。

（三）突出景观节点，擦亮城市之眼

投资4140万元，在县城东西出入口建设了遥相呼应、彰显青龙精神、寓意

龙凤呈祥的龙岛和凤苑。以沿山、沿河、沿路绿化为框架，以街头游园、小区绿地为点缀，大力推进植树造绿、见缝插绿、拆墙透绿工程，新建亲子园、迎宾园等11个街头游园，基本实现"街街有园、路路有景"。投资1830万元，完成燕山路、迎宾路等7条主干道夜景亮化，营造了精美的城市"第二轮廓线"，让市民找到了现代城市的感觉。

（四）突出民生保障，夯实城市之基

完成11个片区、33.72万平方米旧城改造工程，昔日低矮危旧的棚户区变成了24个各具特色的商住小区。三年累计投入住房保障资金2.36亿元，保障户数3766户，其中，建成996套廉租住房和556套经济适用房，累计发放廉租住房补贴1161万元。投资3.45亿元建设了16个新民居示范村，3976户农村家庭喜迁新居，其中山神庙新村成为全市首个省级新民居示范村。城乡群众幸福指数有了新的提高。

四、抓住经营城市这把"金钥匙"，着力破解"钱从哪里来"问题

穷财政并不意味着在城市建设上无作为或小作为。青龙满族自治县通过"靠理念干事、靠理念聚财"，解决了"钱"字大问题。

（一）敢于用明天的钱办今天的事

组建了城投公司，融资4.7亿元，重点实施了祖山路、燕山路等道路修建和管网配套建设。同时，拿出部分资金用于重点地段土地收储，实现以地生金。三年实现政府纯收益2.7亿元，确保钱能借得来、用得好、还得上。

（二）善于用别人的钱办自己的事

先后引进北京中源建业等20家战略投资者，投入18亿元，打通了金源街、龙泉街、商业街等城区主干道，实施了龙城明珠、山水雅园等19个重点片区改造。采取BOT、BT等方式，投资4.06亿元实施了县城集中供热、污水处理厂、垃圾填埋场和集中供气工程；投资2亿元的示范性高中开工建设。

（三）肯于用穷财政的钱搞富建设

尽管青龙是国家扶贫开发重点县，属"吃饭"财政，但青龙满族自治县大力破除唯条件论，三年财政投入城市建设资金3.6亿元，相当于过去10年的总

和。重点放在道路、供水、综合管网、景观节点等基础设施配套和公用事业建设上,加速了向中等城市迈进的步伐。

三年的喜人成就,累累硕果,见证了青龙54万满汉同胞众志成城,戮力同心,携手奋进的历程;三年的披坚执锐,阔步前进,凝聚着全县各级干部的智慧和汗水;三年的城市巨变,辉煌业绩,展示着县委、县政府抢抓机遇,高瞻远瞩,有胆有识的科学决策。百舸争流,千帆竞发。青龙县委、县政府正以"事争一流,逢旗必夺"的气魄,带领全县广大干部群众,乘势而上,自我加压,奋力开拓,为打造一个充满现代气息、富有民族特色的魅力山城而努力奋斗!

贫困山城巨变心曲

李学民

青龙是满族自治县、国家扶贫开发重点县。我们在起点低、底子薄、基础差、困难大的情况下，通过近几年的努力，城市建设取得了骄人成绩。2010年12月，青龙获得了全省"城镇面貌三年大变样工作先进县"和"省级园林县城"两项殊荣。副省长宋恩华在青龙视察时评价："青龙实现了由小变大、穷变富、旧变亮的转变，山城巨变，名不虚传。"在为成功而感到激动与自豪的同时，也引发了我更多的感触和深层次的思考。

一、青龙没有因起点低而放弃争先进的追求，源自于不断强化思想认识的内动力

青龙之所以有这样的巨变，主要源于思想认识的不断提高，产生了一种内动力和推动工作的爆发力，我们不是为了完成任务被动工作，而是由积极性、主动性带来工作的创造性。

（一）从"三年大变样"是全省重要政治任务的认识中找到思想动力

城镇化、工业化是推进现代化的两轮。作为城市发展，一线城市应限制发展，二线城市应适度发展，三线、四线城市应加速发展，形成"星罗棋布、梯次发展"的格局。不能把眼球都投向大城市，大城市再扩张也解决不了"城

市病"问题，还是要大力发展中小城市。"三年大变样"适应时代发展潮流，是河北省委、省政府的"一号工程"，为推进青龙满族自治县城镇化进程提供了难得的历史机遇。结合新民居建设，我们提出了"三个集中"，即向城市集中、向中心镇集中、向中心村集中，把农民吸附在当地，离土不离乡。

（二）从城市建设就是经济工作重要组成部分的认识中找到工作动力

作为县委书记，总揽全局抓重点，城市建设就是一大重点。工业反哺农业，城市带动农村，是国家推进现代化建设的战略方针。项目建设和城市建设是谋求经济社会发展的两个主要抓手。牢牢抓住项目建设和城市建设，就是抓住了重点，就不会偏离方向，而且必须两手抓、两手都要硬。城市是县域经济的支撑点和"高地"，做城市本质是做产业，对县域经济社会发展起到了强大的不可替代的推动作用。2010年青龙满族自治县财政收入突破10亿元，这是城市建设对整个经济拉动效应的突出显现。

（三）从把青龙打造成区域中心之城的认识中找到赶超动力

过去人们形容青龙县城："一条路扁担宽，绕城一圈一袋烟；入冬天上黑锅底，全城两楼漏破砖。"还有人说："一条路，两座楼，中间一望见两头。"尤其是住在青龙的很多人都到秦皇岛去购房、就学、消费，主要原因是青龙县城还不能满足多层面的消费需求。但是，青龙地域特点决定了县城发展的巨大潜能，青龙远离较大的中心城市，地域辽阔。县城作为政治经济文化中心，辐射带动力非常明显。我们认识到，城市建设不是小问题，而是大战略；不是权宜之计，而是长远之策；不是装点门面的"形象工程"，而是利在当今、恩泽后代的"民心工程"。我们不是被动地为完成上级考核任务而抓城市建设，而是作为一个战略之举，作为全局性、基础性，牵一发而动全身的总抓手，不动摇，不懈怠，心无旁骛，不遗余力。

二、青龙没有因底子薄而放弃求巨变的努力，源自于不断探索科学之变的新路径

"三年大变样"工作的推进，重要的是找准症结、抓住关键，打开科学发展的路径，智慧破解难题，扫清前进路上的制约与瓶颈。

（一）把规划作为拉开中等城市框架的总纲

规划是城市的灵魂和遵循。坚持规划从远做到近，从大做到小，强化"富规划、穷建设"理念，必保五十年不落后，彰显大视野、大手笔。我们在规划之初就突破县城模式，按照2020年完成中等城市建设的目标进行系统规划。舍得在规划上投入，不惜重金聘请国家顶级设计单位，做就做国内一流。这样重视规划的主旨，就是把规划当做城市竞争的资本、招商引资的筹码，以科学长远的规划来增强投资者的信心。比如，为了推进县城北部山区开发建设，委托北京土人景观设计研究院制定了县城北部山区9.6平方公里发展规划，以高标准、高品位的规划吸引战略投资者，推动城市腹地向北拓展。

（二）把城市项目建设作为大变样的有形抓手

项目是城市建设整体升级的重要支撑点，只有抓好各类城市建设改造开发项目，才能搭起城区建设的整体架构。我们把项目建设放在"三年大变样"工作的第一位，树立了一个项目改变一座城市的思想意识，三年共实施城市建设项目98个，完成投资42.6亿元，相当过去10年的总和。主要以三个路径推进城市项目：第一，以招商引资形式推进房地产项目，每年都举办城市项目推介会，瞄准北京、唐山和秦皇岛市有实力的房地产商，先后引进北京中源建业等近20家重量级企业。第二，以BOT、BT融资形式推进公益社会事业项目，县城集中供热、污水处理、集中供气等项目均采用了这种模式。第三，以适度举债来推进基础设施配套项目，实施了祖山路、燕山路等道路修建和地下管网配套等项目。三年的实践生动说明，千方百计、一以贯之地推进项目建设是青龙走出城市建设基础差、起点低困境的最重要路径。

（三）把拆迁作为大变样最急迫最基础的工作

"三年大变样"，拆是根本，变是核心。河北省委书记张云川指出："搞城市建设不存在拆多拆少的问题，而是该拆的是不是拆了。"我们深刻领会这句话的内涵，坚持从群众关注的焦点热点拆起，努力做到应拆尽拆。突出了三个拆迁重点，即以危旧小区和棚户区为重点，着力解决居民生活环境问题，拆迁了11个片区、33.72万平方米。以拆临拆违为重点，着力解决私搭乱建的问题。以畅通道路为重点，着力解决城市通达问题，打通了4条城市断头路，开辟

了4条新街道。只要把拆迁作为雪中送炭的民心工程，就会赢得多数群众的理解与支持，就能拆出民心，拆出形象。

三、青龙没有因基础差而放弃树形象的执著，源自于不断彰显民本意识的落脚点

在城镇面貌三年大变样这一举措的推动下，青龙城镇面貌演绎着每天都在变的精彩。广大市民在城市变化过程中得到了实惠，体验到了幸福，找到了城市的感觉。

（一）通过基础设施大提升打造宜居城市

青龙对标现代城市，最大差距是基础设施的严重缺失，不具备宜居城市和现代城市的基本要素。这也是群众对"三年大变样"最大的呼声。基于此，我们在大变样的第一年，就实施了县城集中供热项目，拔掉了126根小锅炉烟囱，不仅解决了居民供暖难题，而且还解决了冬季县城烟尘污染问题，还市民一片蓝天。实施了县城引水工程，解决了城市居民饮水困难，保障了未来10年城市发展用水。随着县城天然气供应管道化、污水处理厂、生活垃圾填埋场等一批基础配套工程的投入使用，形成了聚人、聚业、聚商的"洼地效应"。

（二）通过标志性建筑让市民找到城市感觉

这几年，我们的收获是用标志性城市建筑去掉县城的农村土气，使城市形象由旧貌向现代转变。突出地标性建筑，大气、庄重的行政办公中心和文化宫成为城市风景线；突出民族文化品位，民族博物馆、民族文化广场，以民族符号的融入传承和延续着厚重的满族文化；突出现代小区建设，开发建设了龙城明珠、山水雅园、森源领秀城等24个各具特色的现代化小区。青龙城市面貌的华丽转身，让市民拥有了身居现代城市的自豪感。

（三）通过彰显特色塑造魅力城市名片

发展经验表明，城市特色因文化而灵动，城市形象因文化而展现，城市实力因文化而倍增。纵观几年来，我们倾心打造"山水园林之城"品牌，注重把绿色作为园林城市特有的"底色"，把亲水作为生态城市应有的"意向"。我们致力开发南山，打造南河风景，就是拉近城市与山和水的距离，以山而秀，

以水而灵，实现了城市与山水特色的对接。注重扮美山城夜景，在远山近水、层楼街道、树木园林等处设置LED灯，使流光溢彩的夜色山城成为又一品牌。

四、青龙没有因困难大而放弃创奇迹的拼搏，源自于不断锻造干部队伍的执行力

实现"三年大变样"，人的因素是根本，作风锤炼是关键。只有以义无反顾、拒绝理由的执行力，以"逢旗必夺、事争一流"的精神，才能保障"三年大变样"的强势推进。

（一）成就的大小取决于领导的重视程度

全县各级领导对"三年大变样"工作都亲自谋划、亲自部署、亲自协调、亲自督导落实，对于城市建设的问题，县委、县政府主要领导始终做到事不过夜。每名县级领导都负责牵头重点城市项目，县四大班子领导分包重点地段拆迁，把拆迁指挥部的简易棚搭到拆迁现场，吃住在工地，以便于直接解决问题。特别是把全县最精干、最优秀的干部选调到城市拆迁的第一线。把在城市建设中表现突出的干部评定为县级劳模，隆重进行表彰，不仅给荣誉，而且还提拔重用，以此激励广大干部投身城市建设的热情。

（二）奇迹的出现取决于推进力度的强弱

艰巨任务面前拼搏实干者胜。每年我们都把"五一"、"十一"、年底作为重要时间节点，锁定一批竣工或开工的城市项目。倒排工期，倒逼推进，把工程安排细化到每一个节点、细化到每一项程序、细化到每一名干部的身上，保持一种冲刺的状态。始终坚持"5+2""白加黑"和"三班倒"，拒绝理由，只看结果不看过程。通过这种强大的推进力度，完成了通常状态下难以完成的任务，极大地缩短了项目工期。县城集中供热工程，仅用4个月就完成了一年的工程量，创造了业内建设奇迹。我们用三年的时间完成了五年建设项目，这种工作态度是根本所在。

（三）收获的大小取决于办法的多少

办法总比困难多。我们本着钱不只是在口袋里，更多的是在"脑袋"里的理念，敢于用明天的钱办今天的事，善于用别人的钱办自己的事。通过经营城

市和适度负债的方法，三年向银行融资4.7亿元，引进资金40多亿元，有效地破解资金难题。对于看准的项目，多视角选商选资。汽博城项目就是我们主动赴庞大集团扣门招商而兴建的，国家级示范性高中项目也是我们从行业的佼佼者中选定的江苏银河集团。在破解拆迁难题上，我们探索了分级补偿、以建促拆等办法，确保了和谐拆迁。作为贫困县抓"三年大变样"只能咬紧牙关，在挑战中抢抓机遇，在不利中探求出路，敢于突破"不可能"的思维局限。

（作者系中共青龙满族自治县委书记）

山区县实现"大变样"的实践与思考

张立群

城镇面貌三年大变样是加快城镇化建设、促进城乡统筹发展的重要举措，也是推动经济社会又好又快发展的有效载体。青龙作为贫困山区县，始终坚持"抓城建就是抓经济、抓发展、抓竞争力"的理念，科学定位、合理规划、精心建设，城镇面貌发生了深刻变化。在城镇面貌三年大变样综合考核中，荣膺"全省城镇面貌三年大变样工作先进县"和"省级园林县城"称号，副省长宋恩华来青龙视察时给予了"山城巨变、名不虚传"的高度评价。三年来的生动实践，不仅收获了许多有形变化，而且创造了许多无形的精神财富和思想成果。

一、城镇面貌三年大变样是一次科学发展的大检验，必须以科学规划为先导，为城镇建设引领正确方向

规划是城市建设的灵魂和核心，只有紧紧扭住规划这个龙头，才能实现城市空间有序拓展、资源合理配置。青龙县城地处两山夹一涧的山谷之中，且远离中心城市，由于基础差、底子薄、拓展空间受限，过去城市建设相对滞后。对此，我们不惜重金聘请北京大学城市规划研究中心、北京土人景观设计研究院等顶级规划设计单位，深入研究青龙的地形地貌、人口分布、产业发展和资源环境等情况，高标准修编了县城总体规划、小城镇和新民居建设总体规划。

我们的发展目标是瞄准中等城市发展框架，到2020年县城建成区面积拓展到40平方公里，人口增加到20万人以上。发展定位是着力打造"区域中心之城、山水园林之城、民族特色之城"。主要举措是南开、北拓、中改、东商、西园。发展思路是按照城乡统筹的要求，大力推行"三个集中"，即向县城集中，通过集聚各种要素、做大做美县城，开辟农民进城绿色通道，促进农民转变为稳定就业的产业工人和长久居住的城市市民；向中心镇集中，合理确定城镇建设区、工业开发区、粮田保护区、生态休闲区和农民居住区，通过多村联建新民居，将城镇周边的行政村集中到中心镇；向中心村集中，通过扶贫搬迁，把生产生活条件恶劣村的群众集中到中心村居住。三年来，我们实施重点城建项目98个，完成投资42.6亿元，建成区面积由4.5平方公里拓展到7.9平方公里，相当于再建了一座新城；投资3.45亿元建设了16个新民居示范村，其中山神庙新村成为全市首个省级新民居示范村。我体会，城市规划是建设和管理城市的基本依据。城市规划搞得好不好，直接关系城市总体功能能否有效发挥，关系经济、社会、人口、资源、环境能否协调发展。就地域狭小、山多地少的山区县来讲，实现城市科学发展，必须把山与城、人与自然有机融合，实现城市发展与资源环境相协调；必须坚持"适度集聚、方便生产、有利生活"的原则，推进中心镇、中心村建设，实现镇村发展与城市建设互动并进。

二、城镇面貌三年大变样是一次综合实力的大比拼，必须以壮大优势产业为核心，为城镇建设提供强大支撑

产业是立城之本，人口是扩容之基，城市建设必须有产业支撑和人口集聚才会有强劲持久的发展动力。青龙人口居住分散，城镇化率较低，加快推进人口城镇化，是摆在我们面前的一道关键性难题。对此，青龙满族自治县立足实际，着力实施"三城"战略，大力推进城市扩容。

（一）以工带城

工业化是城镇化的源动力，工业经济的快速发展不仅能够创造出巨大社会财富，而且对增加就业、提高人民生活水平具有无可替代的作用。近几年，我们通过发展工业园区不断壮大城市产业，按照"园区向县城集中、企业向园区

◎ 青龙县城全景

集聚"的思路，大力发展工业聚集区，积极引导环境污染小、科技含量高的劳动密集型企业退乡进郊进城，通过产业的崛起，促进人流、物流、资金流、信息流向县城流转集聚。目前，云冠栲胶、鹏龙制衣等26家企业陆续入园，吸纳了近4500名农村富余劳动力到县城就业。

（二）以商活城

发展第三产业是完善城市功能的必然需求，也是不断集聚商气人气的载体和平台。因此，我们大力发展仓储配送、商贸流通、金融保险、信息服务、休闲娱乐等服务业和总部经济。目前，由国内500强企业庞大集团投资1.9亿元建设的汽博城已建成投入使用，集汽车销售、保养、维修、配件等功能于一体；投资2.9亿元的家居建材城正式营业，建材装饰、家居用具、五金电料等家居建材业已全部入城经营，实现了相关产业的归行纳市；投资1.98亿元的家乐家大型购物中心投入运营，城市发展活力逐渐增强。

（三）以教兴城

教育发展与城镇化之间存在互动效应，一方面城镇化发展对人才表现出旺盛的需求，另一方面教育水平的提升又为城镇化发展提供强有力的人力支撑。

为满足县城快速发展需要，我们梯次整合教育资源，计划将3所农村高中撤并至县城，加快推进与高中发展相适应的县城初中、小学、幼儿园布局调整，着力打造县城教育品牌，实现引才引智。目前，满族中学迁建项目已经完成主体，示范性高中项目正式开工建设。同时，我们还大力发展医疗、卫生、文化等其他公益事业，不断提高城市综合承载能力。我体会，一个城市要实现可持续发展与繁荣，必须大力发展与城市功能定位相配套的城市产业和公共事业，吸纳更多人口向城市集聚，实现产业发展与城市建设的良性互动。

三、城镇面貌三年大变样是一次风格魅力的大展现，必须以个性特色为取向，为城镇建设创造品牌效应

个性特色是一个城市核心竞争力的集中体现，也是一个城市的魅力所在。青龙是少数民族自治县和生态大县，我们注重发挥满族文化和山清水秀的优势，打造特色和亮点，提升城市品位。

（一）以特色文化打造个性城市

文化是城市的内涵和魅力。我们把继承和弘扬历史文化作为城市建设的

◎ 建筑工地

高层次追求,注重把满族符号融入城市肌体。投资4800万元建设了民族文化广场,广场建有满族起源和民间传说故事的浮雕和壁画以及民族图腾景观柱,荟萃了青龙厚重的人文历史,充分展示了青龙特有的地域文化。投资7300万元建设了民族文化宫和民族博物馆,无论是建筑风格,还是内部功能设置,都是青龙最具民族特色的标志性建筑。同时,我们在城市雕塑和店铺牌匾设计等方面也广泛使用满族文字和图案,民族风情日益浓厚,特色山城魅力初显。

(二)以特色生态打造个性城市

良好生态是城市宝贵的特色资源,建设中应尽可能地顺应、利用和尊重富有特色的自然要素,创造自然与人工相结合的美好环境。青龙是生态大县,森林覆盖率达到61%,境内河流众多,水系发达。我们注重发挥、放大这一特色优势,居山亲山,把鲜明的自然要素融入城市空间,投资4200万元建设了南山生态观光园，让青山走进城市，成为市民休闲健身的好去处。注重涵养水的灵气，投资5622万元对南河实施综合治理，建设了蓄水橡胶坝、汉白玉河堤护栏等景观，形成了9.8万平方米连续水面，营造了良好的城市水环境。大力推进植树造绿、见缝插绿、拆墙透绿工程，建成区绿地率提高到39.2%，人均公园绿地面积增加到21.9平方米，达到了"三季有花、四季常青"的绿化效果。

（三）以特色街景打造个性城市

城市小品和夜景亮化是城市特色的精美点缀，对陶冶情操、美化城市、提升品位具有重要作用。我们按照体现地方特色和时代感的要求，投资4140万元在县城东西出入口建设了遥相呼应、彰显青龙精神、寓意龙凤呈祥的龙岛和凤苑。建设了迎宾路、金源街、龙泉街、服务街4条各具特色的精品街道。以沿山、沿河、沿路为框架，新建了亲子园、迎宾园等11个街头游园，基本实现"街街有园、路路有景"。科学配置景观照明色彩与亮度，提高主干道、大型公共建筑、标志性建筑的亮化水平，实现了"一街一景、一楼一景"。我体会，特色是城市的永恒生命力。每个城市的自然条件、传统文化、经济实力、发展战略各不相同，这种稀缺性和不可复制性的特点决定了城市发展必须从实际出发，走差异发展、错位发展之路。特别是山城更要充分发挥山水这一优势，打好特色品牌，做好生态文章。

四、城镇面貌三年大变样是一次攻坚克难的大挑战，必须以创新投融资体制为突破，为城镇建设寻求资金保障

城市基础设施建设投入属于公共财政支出范围，但财政无法满足建设的资金需求。因此，充分发挥财政资金的杠杆作用，提高城建融资能力，是摆在各级地方政府面前的一大课题。近几年，虽然青龙满族自治县经济得到了快速发展，但"吃饭"财政的现状仍然没有改变，城市基础设施建设投入明显不足。为此，我们按照经营城市的理念，积极探索"投资主体多元化、投资方式多样化、项目建设市场化"的投融资体制，规范运作，严格管理，确保城建资金"融得来、用得好、还得上"。

（一）适度负债

我们组建了城投公司，充分发挥其投融资载体和操作平台作用，盘活、收储、运作经营性用地和闲置资产，采取招商或借贷等方式，提高政府的融资能力。三年来，累计向省农业发展银行等金融机构融资4.7亿元，重点实施了祖山路、燕山路等道路修建和管网配套建设，大大缓解了财政投资压力。

（二）特许经营

放宽准入限制，将部分市政设施和公用事业转为企业化经营，吸引民间资本投资城市建设。县城集中供热、污水处理、集中供气均采用了BOT模式，减轻财政负担4.06亿元。

（三）招商引资

引进战略投资者既可以为城市建设提供资金保障，又可以利用他们的先进设计理念建设城市精品工程和标志性建筑，提高城市品位。近几年，我们先后引进江苏银河、河北奕龙、北京中源建业等20家重量级企业，通过把房地产开发项目与基础设施建设捆绑运行的方式，投入18亿元，打通了金源街、龙泉街、商业街等城区主干道，实施了龙城明珠、山水雅园等19个重点片区拆迁改造，打造了一大批城市建设精品工程。

（四）以地生金

土地是城市的主要国有资产，经营土地是筹集城市建设资金的主要途径之一。我们按照"统一规划、统一收储、统一征用、统一补偿安置、统一供应"的原则，加大重点区域、重点地段国有土地收储力度，三年实现政府纯收益2.7亿元，并把土地出让金专款用于偿还贷款和城市基础设施建设，实现了城市融资的良性循环。我体会，破解城建融资难题，必须树立科学的城市经营理念，充分发挥市场配置资源的基础性作用，调动各类市场主体参与城市建设和经营管理的积极性，实现投融资主体的多元化和融资方式的多样化。同时，要建立城市建设债务风险防范机制，对政府债务的规模、结构和安全性进行动态预警和评估，确保政府债务控制在合理范围之内。

（作者系青龙满族自治县人民政府县长）

"三年大变样" 魅力新青龙

2008年以来，青龙满族自治县坚持把城镇面貌三年大变样作为加快城镇化进程、改善人居环境、促进经济社会发展的重要抓手，实施了历史上规模最大、投资最多、力度最强、进度最快的城市建设工程，城市面貌发生了深刻变化，县城人口由原来的6.9万人增加到8.2万人，建成区面积由4.5平方公里拓展到7.9平方公里。青龙被评为全省"城镇面貌先进县""省级园林县城"，创建工作顺利通过验收，同时得到了社会各界的充分肯定。2010年9月，副省长宋恩华来青龙视察时说："青龙城镇面貌三年大变样工作认识高、思路清、目标明、力度大、效果好。"并作出"山城巨变、名不虚传"的高度评价。

一、城市环境质量明显改善

现在的青龙"山青、水秀、空气新"。全年城区空气质量二级以上天数达到360天。新建了标准化污水处理厂和垃圾填埋场，污水处理率和生活垃圾处理率分别达到100%。在南河修建了4道蓄水橡胶坝和汉白玉护栏，形成了9.8万平方米连续水面，昔日垃圾遍地、污水横流的南河如今湖光山色、碧波荡漾。率先在全市四县实现县城集中供热，拔掉126根锅炉烟囱，供热能力达到300万平方米。新增城市绿地125万平方米，建成区绿地率由原来的23.3%提高到43%，人均公园绿地面积由11.3平方米增加到28.5平方米。"今天第一次来青龙，深为青龙美丽的山峦和大规模的建设所感动、为历史文化和自然人文景观所震撼。今天早晨用餐,就像是坐在风景区里吃饭一样。"张家口市园林局副局长、高级工程师王焱在青龙满族自治县创建省级园林县城工作专家评审会上这样讲。

二、城市居住条件大为改观

"要不是'三年大变样',我恐怕这辈子也住不上这么舒适的新楼房啊!"看着眼前的新房,76岁的低保户王玉宝一脸的幸福和感激。三年来,青龙满族自治县累计完成11个片区、33.72万平方米旧城改造工程,昔日低矮危旧的棚户区变成了24个各具特色的商住小区。三年累计投入住房保障资金2.36亿元,保障户数3766户。其中,建成996套廉租住房和556套经济适用房,累计发放廉租住房补贴1161万元。投资3.45亿元建设了16个新民居示范村,3976户农村家庭喜迁新居,其中山神庙新村成为全市首个省级新民居示范村。现在的青龙高楼林立,城乡群众幸福指数有了新的提高。

三、城市承载能力显著提高

青龙不仅注重城区的"面子",更重视城区承载力的"里子"。三年累计完成市政基础设施投资16.5亿元,是过去20年的总和。高标准改造了燕山路、祖山路,打通了龙泉街、金源街、商业南街,新建和改造城市道路44.4公里,城区道路总长度由2007年的36公里增加到80.4公里,人均道路面积由7.68平方米增加到23.46平方米,过去的两条小街变成了现在的"三路十二街"。新建县城引水工程,从根本上解决了县城居民用水安全问题。新建水冲式厕所12座、便民市场3处、停车泊位1730个。迁建了长途汽车站,成立了城市公交公司,新增公交车40辆。市民生活环境更加舒适便捷。"过去人们形容青龙县城'一条路扁担宽,绕城一圈一袋烟;入冬天上黑锅底,全城两楼漏破砖',而现在楼多了高了,路长了宽了,交通便捷了,生活起居方便了,一句话,都是'三年大变样'带来的。"退休老干部陈文密激动地说。

四、城市现代魅力逐步显现

投资2.47亿元，建设了南山生态观光园、龙岛、凤苑、民族博物馆、民族文化广场、民族文化宫等一批体现山城特色、富有民族气息的精品工程。投资4亿元，打造了三条"特色鲜明、风格迥异"的精品样板街。投资1830万元，完成燕山路、迎宾路等7条主干道夜景亮化，营造了精美的城市"第二轮廓线"。让市民真正找到了现代城市的感觉。"以前，亲戚朋友来了，只能在家看电视，去饭店吃顿饭，现在，我可以领着他们上南山公园散步，到民族文化广场跳现代舞，去龙岛公园欣赏巨龙雕塑，可以去民族博物馆，可以去凤苑……"从迁安嫁到青龙的王亚君情不自禁地说。

五、城市管理水平大幅提升

"规划是城市的灵魂和遵循。坚持规划从远做到近，从大做到小，强化富规划、穷建设理念，必保50年不落后，彰显大视野、大手笔。"县委书记李学民在省城镇面貌三年大变样考核工作座谈会上这样说。投资500万元建设了高标准的城市规划展厅，具体描绘了城乡未来发展前景。投资1200多万元，完成了县城总体规划修编和给水、排水、供热等15项专项规划编制，县城区建设用地控制性详细规划实现全覆盖。建立健全规划评审和批后跟踪监管制度，切实维护规划刚性。基本理顺了城管体制，持续开展环境卫生、交通秩序等综合整治，市容市貌明显改观。

六、干部作风明显转变

"领导没让任何一个问题'过夜'，居民为施工队送水，整个县城工地上的设备、管件没丢失一件，施工没出现一起阻挠事件，我们也只有在青龙才创造出两年工期工程4个月完成的奇迹。"吉林宏达热力公司老总秦刚至今仍一脸感动。300万平方米的集中供热建设仅用4个月完成；迎宾路拆迁仅2个月就完成了沿线2.2公里、460户、4万多平方米；燕山路和中兴路改造工程3个月的工期提前32天实现竣工通车。三年累计实施重点项目98个，完成投资42.6亿元，在项目建设中青龙速度、青龙精神不断创造，不断被刷新。"青龙干事创业的工作精神、扎实的工作作风值得学习。青龙发展的关键因素就在于有一支具备敢打胜仗精神状态的干部队伍。"秦皇岛市委书记王三堂在该项目建设暨城镇面貌三年大变样现场会的讲话一语中的。

（作者　尚有才　张少义）

平泉
PINGQUAN

- ◎浓墨重彩绘宏图　古城八沟铸巨变
- ◎深入推进城镇面貌三年大变样
- 向全国一流特色中等城市目标迈进
- ◎"三年大变样"惠民生

浓墨重彩绘宏图　古城八沟铸巨变

中共平泉县委　平泉县人民政府

平泉县位于河北省东北部，冀、辽、蒙三省区交界处，总面积3296平方公里，辖10个镇、9个乡、1个街道办事处、291个行政村、11个社区，总人口47.5万人。是国家扶贫开发重点县、河北省少数民族县。近年来，平泉县坚持以科学发展观为统领，认真落实省、市决策部署，大胆摒弃"县城概念"，牢固树立"城市理念"，高起点规划、大气魄拆迁、高标准建设、精细化管理，城市面貌发生了巨变。三年来，累计完成城市建设投资110亿元，是"十五"期间总和的3.5倍，建成区面积由2007年的7.8平方公里扩大到14.5平方公里，规划控制区由26平方公里扩大到158平方公里，城区人口由9.8万人增加到13.5万人，城镇化率由29%提高到35.5%，地区生产总值由52.3亿元增长到85亿元。成功争列国家可持续发展实验区、河北省统筹城乡发展试点县，连续荣获全国文明城、省级卫生城、省级园林城、省双拥模范县等多项桂冠。"三年大变样"工作，使平泉城市从形象风格到品位特色，从文化底蕴到实质内涵得到了全方位大幅提升，干部群众的工作作风和精神面貌发生了根本性转变。

一、高站位强举措实施，在推进各项工作中"变"出新动力

地处冀、辽、蒙三省交界处的特殊区位，使平泉人深刻认识到平泉不仅是河北面向辽蒙的门楣，也是承德建设国际旅游城市的窗口，改变平泉形象就是提升河北形象。因此，平泉县不仅能够站在促进工业化、城镇化的互动角度，而且坚持站在赢得省际竞争、提升河北形象的高度充分认识"三年大变样"工作的重要意义。县主要领导有决心，四大班子同齐心，职能部门有信心，政策举措得民心，加之科学有力的领导体制和工作机制，全县上下一条心创造性的开展工作，形成了强有力的工作合力。强化领导，健全组织。成立了由县委书记、县长亲自挂帅的"三年大变样"工作指挥部，成立了城乡规

◎ 上图：平泉污水处理厂
◎ 下图：平泉府前大街

划局、城乡绿化办公室、城市管理局，并根据工作任务需要适时从全县各部门科级领导干部、后备干部中抽调精干力量，深入实地开展工作，形成了上下贯通、运转高效的组织指挥工作系统。加强调度，现场办公。实行县领导现场办公机制，县主要领导及分管领导经常性深入一线指挥调度解决具体问题，三年来共主持召开专项调度会、现场办公会81次，协调解决重点、难点问题460余件。目标考核，严格奖惩。县委、县政府与各部门分别签订"军令状"，将任务目标纳入年度考核体系，对年底完不成任务的启动行政问责程序；对于工作中表现突出的干部给予奖励，优先选拔和任用，形成了良好的用人导向。强势宣传，营造氛围。通过强化社会和舆论宣传，做到天天有报道，日日有声音，营造了浓厚的氛围，有效激发了广大干部群众积极投身城市建设的热情。

二、高规格大手笔规划，在拉开城市框架上"变"出新格局

平泉充分认识到规划在城市发展中的重要引领作用，始终将其作为"三年大变样"工作的龙头，认真做好城市规划，明晰思路和定位。舍得花钱高起点规划城市。投资1700余万元，先后聘请中国城市规划设计院、清华大学、加拿大DSC公司等一流设计团队，高水准编制了城市发展战略规划和系列详规，跟进编制了县城商业网点布局、历史文化街区保护、基础设施配套和重点区片等控制性详规，以及城市形象、数字城市、城市绿化景观、城市道路、城市照明、城市公共安全等专项规划，规划控制的范围和深度不断延展。主动邀请权威专家对平泉城市发展把脉支招。以"平泉的城市愿景"为主题，成功承办第十一届中国城市化论坛。针对京沈快铁、承朝高速、遵小铁路建设的重大机遇，为更好地打造城市特色，2010年8月邀请中国工程院院士邹德慈等一批专家、学者和资深企业家来平泉就北城新区建设规划、高铁周边概念性规划等11

◎ 平泉府右新村安居工程

个专项规划进行重新审视,进一步明晰了城市建设思路和功能定位,完善了城市建设蓝图。维护规划权威,严格执行规划。坚持"一套班子研究、一个出口发布、一枝笔审批",扎实推进城市规划数字化管理,严格遵照规划方案进行建设。组建了城乡规划局和乡(镇)规划管理所,实行县、乡(镇)、村"三级"规划一体化管理,确保城市建设依法有序。建设城市理念基地,培树干群城市意识。筹措资金100余万元建成了占地800平方米的城市理念养成基地,定期组织干部群众参观学习,引导干部群众牢固树立城市意识和主人翁意识,建设全国一流特色中等城市已经成为全县上下引以为自豪的目标追求和相继迸发的不竭动力。

三、人本化大气魄拆迁,在拓展城市规模上"变"出新空间

积极探索实践"行政拆迁、净地出让"拆迁模式,将"以人为本、和谐拆迁"理念贯穿于城市拆迁全过程,规避企业与被拆迁户之间的利益冲突,把利益最大限度地让给被拆迁户,赢得了广大被拆迁户理解和支持。三年来,先后实施了19个拆迁项目,拆迁面积78万平方米,动迁居民5190户,腾出净地4000亩。特别是2010年成功实施城北新区整体拆迁改造项目,仅用43天就完成1200户的拆迁任务,拆迁力度之大、速度之快、群众满意度之高,开创了平泉拆迁工作历史的最佳局面。营造氛围,合力拆迁。抓住绝大多数居民包括被拆迁户都有加快旧城改造、改善居住条件这一积极因素,充分利用各种载体,宣讲拆迁的目的意义、法律依据,特别是强化正面典型和反面警示宣传,努力营造全社会支持拆迁的舆论氛围。县四个班子领导坚持靠前指挥,一线作战,工作人员不分昼夜,深入各户耐心宣讲政策解决实际问题,得到了广泛理解和配合。合理补偿,和谐拆迁。所有拆迁补偿安置方案,依照法律法规、多方征求意见,集体研究制定。既充分考虑居民近期生活问题和长远生存大计,又照顾了弱势群体和绝大多数被拆迁户的利益,得到了广泛支持,实现了广大居民由不愿拆迁到主动申请拆迁的转变。公开透明,公正拆迁。工作中始终做到"一把尺""三公开""三清楚"。"一把尺"即拆迁补偿标准"一把尺"量到底;"三公开"即拆迁方案拆前公开、拆迁补偿标准公开、拆迁安置方案公开;

"三严格"即严格拆迁人监管、严格拆迁管理程序、严格接受社会监督;"三清楚"即清楚拆迁底数、清楚拆迁方案、清楚责任部门。公开公平公正的做法,避免了因相互攀比而影响拆迁进度的现象。

四、高标准大投入建设,在提升城市品位上"变"出新魅力

牢牢抓住"三年大变样"的实质内涵,深刻把握城市发展的方向,立足于更高标准,积极搭建平台创造性地开展工作,全面实施了以创建全国文明城、国家卫生城、国家环保模范城、国家园林城、国家双拥模范县和生态文明示范县为主要内容的"六创联动"工程,城市功能不断完善,城市品位内涵大幅提升,城市特色日益彰显,人居环境明显改善。立足建设宜居之城,始终将提高城市承载能力和宜居度放在城市建设首位。路网建设投资22亿元,形成了"七纵七横一环"的路网格局,内部打通所有断头路,外部与周边城市无缝联接,城市街道硬化率和"村村通"率分别达到100%和98%;电网建设投资1.1亿元,实施了3个110千伏以上输变电站项目,新增供电能力7亿度,基本满足城市发展的需求;水网建设完成投资0.9亿元,实施了水源地保护、中水回用等工程,集中供水率、污水回收率分别达到80%、70%;通讯建设完成投资1.2亿元,移动信号覆盖率和有线宽带接入率分别达到85%、75%。在旧城改造和新区建设中,实行水、电、讯、气"四网"入地,医院、学校、体育场等公共设施配套建设,切实提高城市承载能力和宜居度。立足建设生态之城,注重城市建设与山水结合。投资1.7亿元实施了泽州园、滨河游园、东山公园等群众性休闲娱乐场所建设,投资30多亿元高标准建设了金世纪嘉园、府前花园等花园式居住小区21个,投资8400万元完成了污水处理厂、垃圾处理厂、粪便处理厂建设,投资5000多万元打造了承德市最大的八家环岛、八县中最长的瀑河景观带等绿地景观,城市人均绿地面积增加到10.22平方米。立足建设文化之城,充分将文化元素融入城市建设肌理。以展示辽河源头、契丹祖地、中国菌乡、神州炭都四张城市名片为重点,谋划实施了总投资45亿元的契丹文化产业园等四个文化产业园区。同时结合市政工程及城市景观建设打造城市文化小品40多个,使城市内涵得到较大提升。立足建设幸福之城,高度重视民心工程建设。加强商住

房、廉租住房、经济适用住房等住房保障体系建设，累计投资1.02亿元建设三期经济适用住房586套、4.85万平方米，配建廉租住房项目5个、建筑面积7.83万平方米、2272套，实施榆州新城等18个商住楼项目、130万平方米，城市人均住宅面积增加5平方米。

五、精细化强规范管理，在构筑"大城管"格局上"变"出新形象

本着"无处不精心、无处不精细、无处不精美、无处不精彩"的理念，着力在改善城市环境、形象上下功夫，城市管理跃上新水平，城市容貌明显改观。"数字城管"新模式走在全省前列。投资800余万元，在全省率先建立了县级"数字城管"新模式。在主城区建成了集地理信息编码、视频实时监控和巡查、处理、监督、考评"四位一体"的城市综合管理平台，实现城管"由被动到主动、由定性到定量、由分散到系统"和"由单纯执法到执法服务"的根本转型。城市管理彰显"精细化"。出台了《数字化城市管理暂行办法》《平泉县"门前三包"工作管理办法》等27项精细化管理制度，建立了"全覆盖、无缝隙"的城市管理体系。强力实施城区环境景观整治工程，城市容貌景观焕然一新。率先实现三个"一体化"。城区环卫、水务、园林的相关工作由原来的多个部门分块管理，分别划归到一个部门管理，推行环卫、水务、园林管理三个"一体化"，实现管理体制的优化升级。

六、拓思路抓关键经营，在支撑城市发展上"变"出新活力

面对财政资金紧张，大胆解放思想，坚定信心，直面困难，坚持多条腿走路搞活城市经营。抓项目实施，引进社会资金。专门成立了城市投融资公司，通过BT代建、土地转换、盘活资产等多种形式积极拓展城建融资渠道，共吸收社会及政策性资金30多亿元，为城市建设提供了资金保障。抓土地运营，实现城市增值。坚持旧城改造与新区开发并举的思路，对于腾出来的土地实施联片开发、捆绑式开发，实现土地增值20多亿元。同时，采用公建先行、景观先行带动土地升值等多种办法，多渠道实现土地和城市财富增值，据统计仅住房一项人均实现财富增值近6万元。抓产业摆布，实现优势互补。坚持从规划入手加强对产业布局进行规范，形成了对各城市分区的良好产业支撑，带动土地增值，增强了城市发展后劲。2008年以来城市规划区新入驻项目20多个，总投资120多亿元，带动就业2万多人，实现了以城市为平台促进产业发展和以产业为依托促进城市扩张的双赢。抓营销推介，提升城市软实力。相继召开了第十一届中国城市化论坛和城市个性与建筑形态研讨会，为城市发展支招把脉，同时还利用节庆会展、专业营销、城市VI系统建设等多种方式对平泉进行立体式宣传，不断扩大平泉的知名度和影响力，为项目落户、人才聚集、资金流入搭建了良好平台，促进了经济社会快速发展。

深入推进城镇面貌三年大变样
向全国一流特色中等城市目标迈进

董正国

全省开展城镇面貌三年大变样工作以来，平泉深入挖掘历史文化底蕴，将城市古风古蕴与现代特色有机融合，强力推进城镇面貌三年大变样工程，城镇面貌产生了翻天覆地的变化，一条条宽阔笔直的城市干道、一片片展示现代城市品位与个性的楼群、一座座蕴含着浓郁契丹文化的精品建筑，连同徜徉在泽州园、滨河游园和市民中心广场一张张写满惬意的笑脸，处处给人一种"大变样"的强烈视觉效应。三年来，城市建设完成投资110亿元；建成区面积由7.8平方公里扩大到14.5平方公里，规划控制区由26平方公里扩大到158平方公里；城市人口由9.8万人增加到13.5万人；城镇化率由29%增加到35.5%；地区生产总值由52.3亿元增长到85亿元；县域经济综合实力由2007年的全省第65位提升到第60位，先后荣获了全国文明城、全国生态文明建设先进县、省级卫生城、省级双拥模范县、省级园林城等多项桂冠，平泉由一个山区欠发达县份向全国一流特色中等城市阔步迈进。

一、解放思想，提高认识，高起点规划，高标准定位是城市"变"之前提

（一）解放思想是催生城市巨变的源动力

解放思想、提高认识是做好"三年大变样"工作的前提条件。实施城镇面貌三年大变样，是河北省委、省政府落实科学发展观、构建和谐社会的重大战略决策，是一项事关全局、事关长远、事关子孙后代的系统工程，这为平泉加快发展、加快城镇化进程提供了千载难逢的机遇。平泉位于河北省东北部，冀、辽、蒙三省区交界处，是河北面向辽蒙的门楣，是承德建设国际旅游城市的窗口，改变平泉形象就是提升河北形象。基于这种认识，平泉将"三年大变样"工作作为加快全国一流特色中等城市建设的重要抓手，并以此为核心统筹经济、文化、社会、环境以及干部作风建设等各项工作。为进一步统一思想，平泉通过开办假日党校、举办科学发展观大讲堂等形式，充分利用节假日组织党员干部聆听清华大学教授、中科院院士等高端人才授课，通过召开恳谈会、万人问卷等形式听取来自各方面的声音和建议，深入解读河北省委、省政府的系列重大决策方针，使全县广大干部群众对河北省委、省政府的决策部署从感性认识升华为理性思考，把河北省委、省政府的决心变为广大干部群众的坚定信心和坚决行动，以强烈的政治责任感、历史使命感和工作紧迫感迅速行动起来，全县上下形成了工作的强大合力，推进各项工作提档次、上水平。

（二）高标准定位是提升城市品位的助推器

平泉立足三省交界、紧邻京津的区位优势，紧紧抓住京津冀一体化发展、东北老工业基地振兴、河北建设沿海经济社会发展强省等政策机遇，确立了"工业强县、农业兴县、文化活县、商贸旺县"的发展战略，明晰了"三省通衢新枢纽、京津休闲养生园、全国一流宜居地、持续发展示范区"的功能定位，确定了建设全国一流特色中等城市、全国可持续发展示范区、河北省统筹城乡发展示范区、冀辽蒙三省交界处投资兴业的理想平台、平泉居民的舒适家园、外来游客的休闲胜地的发展目标，加速推进以城带乡、统筹发展步伐。基于这样的城市定位和发展战略，平泉在城镇面貌三年大变样工作中展现出超人气魄，挥洒出恢弘手笔，开展了一场摧枯拉朽式的城市改造。本着"30年超

前、50年不落伍"的原则,先后投资1700余万元请"大院"、聘"名家",高起点、大手笔规划城市,规划控制区由26平方公里扩大到158平方公里。先后投资110多亿元,建成府前广场、110指挥中心、泽州大酒店等12项城市精品工程和污水处理厂、集中供热等16项公建工程;新建改建城市道路28万平方米,硬化小巷23条,打通了城区所有断头路,形成了"七横七纵一环"的路网格局;累计改造城中村6个,完成旧城改造70多万平方米,新区开发100多万平方米;建设金世纪嘉园、府前花园、榆州新城等18个商住楼项目,总面积220万平方米,城市人均住宅面积三年净增5平方米,城市承载能力大大增强,城市形象品位大幅提升,市民居住条件明显改善,全国一流特色中等城市雏形初步显现。

二、转变思维,创新举措,着力破解制约是城市"变"之关键

(一)以和谐的拆迁模式破解拆迁难题

城市拆迁能否得到群众支持,取决于政策、方案是否公平公正,是否尽可能多地把拆迁利益让给广大群众。平泉是一座老城,基础设施相对滞后,城中

◎ 兴建橡胶坝后的瀑河

村面积较大，推进"三年大变样"的首要任务就是拆迁，能否顺利实施拆迁，直接影响城市建设进程。平泉积极探索实践了"行政拆迁、净地出让"的拆迁模式，将"以人为本、和谐拆迁"理念贯穿于城市拆迁全过程，规避企业与被拆迁户之间的利益冲突，把利益最大限度地让给被拆迁户。

1. 凝聚合力。绝大多数居民包括被拆迁户都有加快旧城改造、加速中等城市崛起的愿望。我们始终注重把握这一积极因素，充分利用各种载体，宣讲拆迁的目的意义、法律依据，特别是强化正面典型和反面警示宣传，努力营造全社会支持拆迁的舆论氛围。县四个班子领导坚持靠前指挥，一线作战，带领职能部门工作人员不分昼夜，耐心地为被拆迁户解决实际问题，得到了广泛的理解和配合。

2. 公正透明。工作中始终做到"一把尺""三公开""三清楚"。"一把尺"即拆迁补偿标准"一把尺"量到底；"三公开"即拆迁方案拆前公开、拆迁补偿标准公开、拆迁安置方案公开；"三严格"即严格拆迁人监管、严格拆迁管理程序、严格接受社会监督；"三清楚"即清楚拆迁底数、清楚拆迁方案、清楚责任部门。通过堵塞漏洞，做到公开公正，避免了因相互攀比而影响拆迁进度的现象。

3. 和谐拆迁。所有拆迁补偿安置方案，都充分考虑居民生产生活近期问题和长远之计，依照法律法规、多方征求意见，集体研究制定。由于补偿方案合理、鼓励积极动迁、照顾特困群体，得到了绝大多数被拆迁人的支持，实现了广大居民由不愿拆迁到主动申请拆迁的转变。三年来，先后实施了19个拆迁项目，累计拆迁面积78万平方米、动迁居民5190户，腾出净地4000亩。特别是2010年成功实施城北新区整体拆迁改造项目，仅用43天就完成1200户的拆迁任务，拆迁力度之大、速度之快、群众满意度之高，开创了平泉拆迁工作历史的最佳局面。

（二）以超前的融资理念缓解资金压力

实现大变样，资金是关键。平泉作为欠发达地区，破解筹资难题，是搞好城市建设的头等大事。从转变观念入手，摒弃"县城概念"，牢固树立"城市理念"，催生了"干多少事就筹多少钱""花明天的钱办今天的事"等超前意识,走出了一条以财政小资金撬动社会大资金、多渠道融资的新路子。

1. 财政引导。新增财力和节省出来的资金重点用于"三年大变样"支出。三年来,共投入财政性资金2.9亿元,是之前10年所有财政性资金投资城市建设的总和。

2. 市场运作。一方面,整合全县行政事业单位固定资产,成立泉盛城市建设投融资公司,积极争取亚行、农发行等信贷资金支持,有效缓解资金不足;另一方面,探索创新BT建设模式,采取多种给付方式吸引资质企业参与城市绿化、道路修建等工程。

3. 部门企业分担。由县直部门和商户企业合理分担"三年大变样"任务,按照城市规划改造沿街布局和商户牌匾,截至目前,24个分担部门和2348家商户共投入资金2016万元。

(三)以完善的工作机制激发内在动力

推进"三年大变样",最根本的是要从体制机制入手。只有建立高效的领导体制、工作运行机制,才能形成强大的合力,最大限度地激发工作动力。平泉坚持党委领导、政府主抓、部门负责、全民参与的领导体制和工作机制,全县上下形成协同作战的强大合力。

1. 强化领导,健全组织。成立了由县主要领导亲自挂帅的"三年大变样"工作指挥部,下设办公室和9个工作小组;成立了县拆迁办公室、县规划局;根据工作任务需要从全县各部门科级领导干部、后备干部中抽调精干力量,深入实地开展工作,形成了上下贯通、左右协调、运转高效的组织指挥工作系统。

2. 加强调度,现场办公。县委、县政府主要领导坚持每周一次,亲自调度工程进展。分管县级领导经常性开展现场调度办公,招集分包工程的部门和相关人员解决具体问题,三年来共主持召开专项调度会、现场办公会81次,协调解决征地评估、拆迁补偿、线缆迁移等问题460余个。

3. 目标考核,严格奖惩。县委、县政府与承办单位分别签订"军令状",将任务目标纳入年度考核体系,对年底完不成任务的启动行政问责程序。对于工作中表现突出的干部给予奖励,把城市拆迁作为培养锻炼广大干部的最佳舞台,形成了良好的用人导向。广大干部坚持"只为成功找方法,不为失败找理

◎ 上图：平泉府右新村
◎ 下图：塞外江南

由",充分发挥主动性和创造性,不分昼夜、不讲条件,全力以赴。

4. 强势宣传,营造氛围。在电台、电视台分别开设专栏,及时报道"三年大变样"工作中涌现的先进典型,对行动迟缓的单位及个人公开批评曝光,在重点节目前后插播公益广告,打游走字幕,做到天天有报道,日日有声音,有效激发了广大干部群众积极投身城市建设的热情。

三、转变发展方式,推进产业升级,惠民生、促增效是城市"变"之根本

1. 将实施"六创联动"工程作为推进"三年大变样"的重要载体,在建设三省交界处群众幸福指数最高区域上迈出了扎实的一步。平泉把"三年大变样"工程最终的落脚点放在增加群众福祉上,为此,深入实施了创建全国文明城、国家卫生城、国家环保模范城、国家园林城、国家双拥模范县、国家生态文明示范县的"六创联动"工程,按照各项创建标准有序开展工作。建设了占地800平方米的城市理念养成基地;开展了市徽、市树、市歌、市花和平泉精神的征集活动;三场(厂)一站投入使用,处理率均达到85%以上;"数字城管"新模式,走在全市前列;建设了占地22万平方米的泽州园,沿橡胶坝两岸修建了10万平方米的滨河生态景观带(滨河游园),建成了市民中心广场、府前广场和北区环形广场,成为广大市民休闲健身娱乐的好去处,三年来新增公共绿地117公顷,城区绿地率由2007年的15%提升到35.37%,绿化覆盖率由28%提升到40.3%,人均公园绿地由8平方米增加到10.22平方米;建设经济适用住房4.85万平方米,配建廉租住房项目5个、建筑面积7.83万平方米、2272套,对城市低收入住房困难家庭实现应保尽保。经过不懈努力,城市形象明显改观,居民生活环境和生活质量大大改善,城市概念牢固树立,社会文明程度大幅提升,实现了"人城共变"。

2. 将构筑现代产业体系作为实现"三年大变样"的有力支撑,县域经济社会得到全面发展。城市发展靠要素支撑,"三年大变样",既要一招不让地抓好"规划、拆迁、建设、管理"这些直接环节,更要抓住产业支撑这个根本,只有大力实施产业和项目牵动战略,才能提高城市产业聚集度和核心竞争力。

坚持做活商贸服务业，做大现代物流业，在加快发展金融、保险业、信息、旅游等新兴服务业的同时，围绕批发零售、餐饮等传统服务业，兴建燕塞汽贸汽配城等各类专业市场14个，市场交易额以每年20%的速度递增，达到32亿元，实现就业7.25万人。坚持做强工业聚集区，推动企业向园区聚集，园区向城市靠拢，规划建设25平方公里的平泉工业聚集区，现已入驻企业115家，其中规模以上企业38家，2010年实现固定资产投资19亿元，从业人员近2万人，实现了以城市为平台促进产业发展和以产业为依托促进城市扩张的双赢。围绕推介"辽河源头、契丹祖地、中国菌乡、神州炭都"四张城市名片，规划了四个文化产业园区，推进实施了总投资45亿元的40个文化产业项目，有效实现了彰显城市个性、搞活城市经济、聚集城市要素的多赢统一，产业的迅速崛起有效拉动了县域经济的良性发展。

（作者系中共平泉县委书记）

"三年大变样"惠民生

平泉县先后投入1700余万元请"大院"、聘"名家",高起点、大手笔编制了城市发展战略规划和系列详规。城市专项规划以及区域控制性详规在遵循科学规律基础上,注重考虑民生、尊重民意,采取专家论证、社会参与等形式,充分听取各方面的意见。在建设中,坚持规划即法,执法如山,努力使城市建设少留遗憾、不留遗憾。筹措资金100余万元建成了占地800平方米的城市理念养成基地,集城市规划展览、城市前景展示、城市理念培育于一体,自建成以来,每天都吸引上百干部群众前来参观学习,让广大市民看到了城市发展美好前景。

市民代表徐良说,现在平泉的城市规划有两大变化:以前考虑商业开发的比较多,现在考虑民生的比较多;过去就事论事的情况比较多,现在则更注意配套和长远。

在城市理念养成基地内的留言册上,前来参观的市民写道:"从这里,我看到政府建设城市的决心,看到了家乡美好的明天,我们和家人都要力所能及地支持城市建设。"

积极实践"行政拆迁、净地出让"拆迁模式,将"以人为本、和谐拆迁"理念贯穿于城市拆迁全过程,和谐、让利于民的拆迁模式,赢得了广大被拆迁户理解和支持。

村民组长金连军是城北村改造中被拆迁户之一,他详细研读了有关文件和县里出台的拆迁安置补偿方案，感觉很实惠。他说："汇总各项优惠政策，每户可得优惠15万元左右，我早早就签订了协议。"老金一签，周围的村民也纷纷签订了协议。"还真是早签不吃亏，晚签不占便宜。"村民由衷地说。

县城中心区兴平北路有一条小巷，原是一条繁华的商业街，由于邻近新开发商业区，失去了原有的功能，成了一条死胡同，但仍存在着几十家经营商户。在拆迁中，充分考虑历史和现实因素，决定按商业给予补偿，得到了拆迁户的认可，很快签订了协议。"政府事事处处为我们着想，为我们办实事、办好事，我们支持拆迁工作。"一个老商户签订协议时，这样对拆迁办工作人员说。

实施了19个拆迁项目，改造城中村6个，拆迁面积78万平方米，动迁居民5190户，腾出净地4000亩。平泉镇土城子村整体改造后建设了府右新村，楼房二层为村民居住，一层用于活性炭设计、创意、制作、展示和销售，重点发展活性炭文化观光游、博览、餐饮等文化产业。这种做法既改善了农民的居住条件，又有自己的产业。

"只有住进新民居，才能享受新生活！"提起居住环境的改变，平泉府右新村的168户居民笑逐颜开。

"我们的环境美了，家变漂亮了，又有产业，生活更有奔头了。"府右新村高大爷乐得合不上嘴。

清晨，住在府右新村的张秀华大姐正在精心地料理着小院中的花草和蔬菜，她说："搬到新民居这里后，比以前方便多了，用上了自来水，取暖再也不用自己鼓捣炉子了，干净舒适，让我们这些住在城市边上的农民享受到了市民的生活，有些市民还羡慕我们呢。"

居民陈志富高兴地介绍，原来他家三间不足60平方米破旧低矮的小平房挤了五口人，如今他家住进了上下两层的大楼房，"政府真是为咱们老百姓办实事呀！"

家住城北村的陈保全是广大拆迁受益者的一个缩影，拆迁之前他们一家四口居住面积只有28平方米，现如今他们住进了宽敞明亮的楼房。他说："能有这么好的居住条件多亏了政府拆迁的好政策。"

城市建设投资110多亿元，旧城改造70多万平方米，新区开发100多万平方米，实施了城市基础设施建设工程、房地产开发工程、民心工程等150多个项目，城市承载力大大提升，城市功能日趋完善，城市形象面貌发生了巨大变化。

"城市的天蓝了、山绿了、水清了、路宽了、楼高了、灯亮了，来来往往的路人，如同置身于美丽的画卷。"生在平泉，长在平泉，工作在外地的小张看到家乡的变化不禁赞叹。

◎ 泽州园神韵

"平泉建得真好，变化真大，真像大城市了！"两年多没有到过平泉的外地人林振感慨道。

建成了滨河游园、市民广场、府前广场等休闲公园11处，新建的泽州园、滨河游园以前是破烂不堪、荒凉之地，市民广场以前是老政府所在地，经过规划建设，这些地方成了广大市民健身游玩、休闲娱乐的好去处。

"工作之余有了休闲游玩的地方，心情特别好，这是在以前没有过的。"漫步在中心广场的市民王春新高兴地说道。

在泽州园游玩的市民王建军评价道："这里原来是荒山野岭，现在是阳光明媚，鸟语花香，这都是'三年大变样'带来的好处。"

清晨，在滨河游园晨练的老干部刘显民大爷深有感触地说："以前这个地方垃圾满地，污水横流，现在是绿树红花，碧波荡漾，是个锻炼的好地方，政府真为咱老百姓办了一件大好事。"

为深入推进城镇面貌三年大变样，实施了创建全国文明城、国家卫生城、国家环保模范城、国家园林城、国家双拥模范县、国家生态文明示范县的"六创联动"工程。就创建园林县城来说，三年来新增公共绿地117公顷，城区绿地率由2007年的15%提升到35.37%，绿化覆盖率由28%提升到40.3%，人均公园绿地由8平方米增加到10.22平方米，2010年被省政府命名为省级园林县城，城市绿量的增加和绿化水平的提升，切切实实让广大群众享受到了绿化成果。

家住万馨花园的刘泽尚说："开展园林城创建，小区的绿地面积不断增加，花卉苗木品种越来越丰富，住在这样的小区越来越感到幸福了。"

丁炳慧是一位80岁的老党员，他深有感触地说："原来很少能看见蓝天和白云，一出门就呛嗓子，想出去锻炼身体，能去的场所也有限。现在通过园林县城的创建，绿地增加了，环境改变了，氧气增多了，休闲的地方也多了，生活质量提高了，心情也变好了，现在锻炼也能走远了。早晨沿着滨河公园一直能走到彩虹桥，心情特别舒畅，要是站在泽州园一望，整个城市的美景尽收眼底。我相信建设中等城市目标很快就能实现，我盼望着这美好时刻的到来。"

将高科技手段应用于城市管理，投资800万元在全省各县率先建立了数字化城市管理信息系统，该系统运用GIS、GPS、3G等信息技术手段，对整个城市实施精确、高效、全时、协同管理，提高了城管水平，增强了办事效率，得到了广泛的拥护和支持。

河北省住建厅李贤明在平泉调研时指出："平泉的'数字城管'系统在河北占了两个第一，一个是全省第一个采用数字化城管模式的县，一个是全省第一个独立出资建设'数字化城管'的县。"

热心社会公益的退休老干部刘瑞祥深有感触地说："以前，处理井盖坏损、污水外溢等问题要几小时甚至几天，现在十几分钟专业人员就能到现场处理，太及时了。"

宁晋
NINGJIN

◎凤凰涅槃看今朝
◎认识在变样中提升　经验在发展中积累
◎完善城市功能　打造宜居城市
　在加速推进城镇化进程中实现大变样
◎宁晋城变展新颜

凤凰涅槃看今朝

中共宁晋县委　宁晋县人民政府

2008年以来，宁晋县认真贯彻落实省、市决策部署，将城镇面貌三年大变样作为落实科学发展观、加快推进城镇化的一项重大举措，以建设"省会周边有影响的宜居宜业中等城市"为目标，坚持"大思路谋划、大手笔运作、大动作实施、大力度投入"，相继实施了"初见成效年""攻坚年""决战年"活动，完成投资70亿元，实施城市建设重点工程120项，使城市面貌发生了质的变化。2009年荣获河北省宜居城市环境建设"燕赵杯"竞赛扩权县组金奖和"城镇化建设先进县（市）"称号，2010年荣获"全国生态宜居示范县""全国可再生能源建筑示范县""河北省城镇面貌三年大变样工作先进县（市）"等荣誉称号。

一、紧盯基本目标，狠抓工程建设

紧紧围绕城镇面貌三年大变样五项基本目标，积极推进完善设施、改善环境、畅通路网、打造精品、精细管理五大工程建设，全力改善城市面貌。

（一）以加大减排工程建设力度为手段，城市环境质量明显改善

以打造"天蓝、地绿、水清"环境为目标，投资8.2亿元，实施了66项减排工程。淘汰关停了能耗高、污染重的企业，彻底取缔了造纸行业，清除了

◎ 城市雕塑

28家牛仔服装企业的水洗生产线和生产多年的县水泥厂，大气环境质量和水环境质量得到了明显改善。积极推进"两厂（场）"建设，在2008年建成污水处理厂的基础上，2009年又投资4600万元，对污水处理厂进行升级改造，出水水质达到了国家一级A标准。投资5465万元建成了垃圾处理场，实现了生活垃圾的无害化处理。投资2.1亿元，对污染城区多年的汪洋沟进行了综合治理，沿岸建成了长7.1公里的绿色景观长廊和6个节点公园，得到社会各界一致好评。

（二）以狠抓基础设施建设为重点，城市承载能力显著提升

三年投资近10亿元，实施了33条路网工程建设，累计新增城区道路68公里，形成了"九纵八横、外环内网"的路网格局，构筑了27平方公里的城市骨架基础。投资1.35亿元，新建改建排水管网110余公里，新建道路全部实现了雨污分流，有效解决了雨后积水问题。投资1600万元，实施供水管网建设，城区集中供水管网实现了全覆盖。投资3.7亿元，实施了城区中学、实验三小、四小、东城实验学校、中西医结合医院、康怡医院、体育场、博物馆等重点工程，城市承载功能进一步增强。

（三）以满足不同收入家庭住房需求为出发点，城市居住环境明显改善

实施了240套廉租住房和1.8万平方米经济适用住房建设，有效解决了低收入家庭的住房问题。投资8亿元，实施了天山水榭花都、德盛园、颐和绿洲、上城嘉苑、西城嘉园、晋福苑、一品江山等一批高中低档结合的住宅小区建设。城中村和棚户区改造。实施了南关村、八里庄村、南塔庄、谷家庄、大王庄等城中村改造工程和三角公园片区、宁中家属院、液压件厂旧家属院3项棚户区改造工作，为进一步改善城区居民居住环境奠定了基础。

（四）以空间布局优化为内容，城市现代魅力明显提升

2008年以来，全县累计拆迁113万平方米，为城镇面貌质的变化腾出了改造空间。高标准绿化美化。投资3.8亿元，重点实施了城区绿化、百果园、生态农业观光园等工程，新增绿地面积78万平方米，形成了以公园、广场、街头绿地为点，道路绿化和环城绿化为线，小区绿化、单位庭院绿化为面，点线面相结合的绿化格局。实施了路灯亮化工程，新安装改造路灯1500多盏，城区环城路网和主次干道全部实现了亮化。完成了城区夜景亮化、天宝街包装等工程，

安装了11块多媒体全彩电子显示屏，形成了绚丽多彩的城市夜景。打造精品工程。建成了四星级山水假日酒店、晶龙科技中心、体育场、博物馆等标志性建筑，对凤凰路、晶龙街实施了景观整治，打造了一批具有时代特征的城市精品，现代化城市气息日渐浓厚。

（五）以精细管理为着力点，城市管理水平大幅提升

在加快城市建设的同时，宁晋县坚持建管结合、综合治理，不断提高管理水平。实施综合治理。以市容市貌、环境卫生、交通秩序、拆旧拆陋为主要内容，每年至少组织开展两次以上集中整治活动。累计拆除破旧残损不规范的广告牌匾1900多块，发放沿街商户垃圾桶1000多个，设立了垃圾定时倾倒点24个、垃圾转运站17处、果皮箱400多个、移动公厕4座，整改冲水式公厕6座。创新管理机制。2010年，宁晋县以融资租赁方式投资400多万元购置了8部大、中型清扫车，高压清洗车等环卫清扫机械。县政府制定出台了《宁晋县门前责任区管理规定》等文件，街道卫生实行"一包五定"（包路段，定任务，定时间，定标准，定报酬，定奖惩）责任制。提升市民素质。制定了文明城市创建行动方案，开展了做文明使者、建美好家园等系列活动，倡导城市文明意识，树立文明新风尚，多层面提升了居民素质。

二、强化五项措施，实现提质提效

（一）加强领导，提供组织保障

广泛发动。县委、县政府始终把"三年大变样"作为全县中心工作的重中之重，每年组织召开大规模的动员大会，采取多种形式动员社会各界广泛参与。健全组织。成立了由县委书记任政委、县长任指挥长的指挥部，制定了严格的目标责任制和考核机制，同时，按照"一项工程、一名领导、一套班子、一个方案、一抓到底"的要求，实行县级领导分包制度，每项重点工程都由一名县级干部牵头，承办、协办单位分包，拉出具体的时间表，倒排工期，挂图作战，限期完成，年终考核时县级领导与承办、协办单位同奖同罚。为确保工作进度，坚持早规划、早部署、早运作，于每年10月前就开始对次年工程进行规划，通过走访群众、座谈了解、向社会广泛征求意见等方式深入调研，科学论证、严格筛选，并迅速形成可行性方案，经县委、县政府集体研究确定后，年前就开始进行征地、拆迁、招投标等前期工作，为工程建设争取了有效施工时间。特别是2010年实施的52项重点工程中，由于前期工作准备充分、开工时间早，西宁路、西仓路、月城路、洨河路、鼓楼街改造等多项工程，于2010年10月份就完成了全部工程建设，创造了城市建设的"宁晋速度"。

（二）科学规划，提供基础保障

坚持规划先行，以规划设计的高标准、高水平，确保工程建设出品位，出精品。

1. 聘请上海复旦大学规划设计研究院、邢台市规划设计研究院对县城总体规划进行了修编，确定了"东延、北扩、西伸、南控"的发展方向和"东城西区，一体两翼，凤凰展翅"的发展战略，明确了"石家庄周边新兴区域中心城市、世界著名的单晶硅生产基地和全国著名的线缆之乡"的城市定位和到2020年达到人口25万人、用地面积27平方公里的城市规模，为宁晋县的长远发展奠定了基础。

2. 按照全省"城乡规划年"活动安排，开展了规划设计集中攻坚行动，全面推进控详规、专项规划、乡镇村规划和新民居规划等规划修编工作，聘请亚泰都会（北京）城市设计院编制了县城控制性详细规划，完成了给水、排水、供热、燃气、消防等25项专项规划以及5项城市设计、城市容貌景观规划，做到了规划设计全覆盖，为城市的健康有序发展奠定了坚实基础。

3. 大力推进城市设计和景观规划工作，第一次引进了城市道路景观规划理念，先后聘请天津大学规划设计院、石家庄润恒景观规划设计院完成了3条街道景观的规划设计。同时，聘请北京任道国际策划公司进行了城市主题定位与区域整体经济策划，为树立良好对外形象、推动经济社会迅猛发展起到了积极作用。

（三）动态管理，提供机制保障

实行"周调度、月通报、季观摩"制度，书记、县长每季度组织一次观摩，主管县领导每周召开调度会，协调处理工程中存在的问题；承办、协办单位发扬"5+2""白加黑"的工作精神，紧盯建设一线，及时发现、解决影响工期的难点和问题。县委、县政府督查室、县政府办城交科、县三年大变样指挥部办公室组成联合督查组，对城建工程一周一督查，一月一通报，并在《宁

晋日报》、宁晋电视台设立专栏，定期刊播工程进度，形成了强大推进态势。

（四）锻炼干部，提供人力保障

坚持把城市建设与干部队伍建设紧密结合起来，抽调部分单位的优秀后备干部，到建设一线去发挥作用、锻炼才干、展才示能，将其表现和工作成效作为考察和使用干部的重要依据，以此调动广大干部的工作积极性，使"三年大变样"真正成为锻炼、检验和选拔干部的主战场，为城市建设的迅速发展提供有力保障。特别是在拆迁工作中，积极创新思路，选拔后备干部充实到拆迁第一线，充当拆迁的主力军，既为干部施展才华搭建了平台，更成为拆迁工作进展迅速的关键因素。

（五）破解难题，提供资金保障

按照经营城市的理念，积极探索"以城建城，以城养城"的新路子，将"城市资源"作为可增值的活化资本来运营，有力破解了资金瓶颈问题。盘活土地资产。三年来，共出让土地15宗470亩，实现政府收益2.17亿元，为城市建设提供了有力保障。以城市建设投融资开发有限公司为融资平台，以土地储备为抵押，向银行贷款融资。按照"谁投资、谁受益"的原则，放开了市政公用事业经营市场和作业市场，对街道冠名权、公用设施管理权有偿转让给企业，将获取的收益用于基础设施再建设，形成了"滚雪球"式的良性循环。鼓励各类经济组织和个人投资经营城市基础设施。与太平洋建设集团以BT模式进行了合作，目前，第一批投资5亿元的12项道路工程已全部完工。

三、推进产城互动，实现发展双赢

城市是县域经济发展的"高地"。在"三年大变样"工作的实践中，宁晋县始终坚持以工业化带动城市化，以城市化促进工业化，形成了经济建设和城市建设的良好互动。

（一）突出城建项目带动

抓住西城工业区被河北省政府批准为省级产业聚集区的有利契机，精心打造以晶龙集团为核心的西部工业区和以宁纺集团为核心的纺织工业城，聘请高水平的规划设计研究院，对园区9平方公里的用地编制了控制性详细规划，进一步完善了路网结构,拉开了园区框架,使西城区变为产业聚集的"高地",不仅扩大了城市规模,增强了城市吸纳力,更形成了工业的聚集效应,壮大了城市经济。同时,繁荣、舒适、宜居的城市环境也成为招商引资的优势平台,吸引了一大批国内外客商来宁晋投资,涉及单晶硅、纺织服装、机械制造等各个领域。其中,以中日合资的松宫公司和晶龙集团为核心的单晶硅园区,已发展成为世界最大的生产基地,亚洲最大的硅片加工中心,旗下太阳能公司成功在美国纳斯达克主板上市,先后4次增资扩能,项目总投资达20亿元,生产能力突破600兆瓦,成为全国太阳能领域三大巨头之一。中港合资的河北玉星公司,总投资3亿元,年生产能力20吨,是全球最大的VB_{12}生产基地。东城西区遥相呼应,形成了"一体两翼、比翼齐飞""中间商业、两边工业"的城市化格局,打造了宁晋对外开放的靓丽名片,城区呈现出整体布局合理、单体风格突出、工业化与城市化相得益彰的特色景观。

(二)突出产业支撑

立足产业优势,在积极做大做强光伏材料高新产业,做优电线电缆、纺织服装两大传统产业,壮大机械制造、生物制药、精细化工等新兴产业的同时,大力发展园区经济,实现了企业向园区集中,园区向城市集中,用工业化促进城市化,使城市的发展成为有源之水。先后被评为"国家火炬计划太阳能硅材料基地""中国休闲服装名城""中国电线电缆之乡"。晶龙集团被列入"中国电子信息百强企业",也是全省首家销售收入超百亿元的民营高科技企业。目前,已有120家千万元以上企业落户县城,美国、日本、澳大利亚、德国等12个国家和地区的客商来宁晋投资,其中,亿元以上内资企业26家,1000万美元以上外资企业19家,解决就业人口近3万。

(三)突出商贸流通

加快三产的发展,繁荣县城经济,首期投资2.4亿元的省重点项目小南海国际小商品市场建成并投入使用,来自江苏、浙江、义乌、石家庄、白沟等地的1150家客商成功入驻,并搭建了便捷通畅、服务一流的商业交流平台。通过积极努力,宁晋县先后被评为"中国休闲服装名城""中国电线电缆之乡"。

认识在变样中提升　经验在发展中积累

孔祥友

河北省委、省政府开展城镇面貌三年大变样活动，是在城镇化快速发展时期、在人民群众迫切期盼改善工作生活环境的形势下提出的一项重大决策部署，这一举措，在促进全省各地城乡面貌发生巨大变化的同时，也激发了思想观念大解放，推进了工作作风大转变。就我们宁晋而言，城镇化还滞后于工业化，城市在一定程度制约着经济的发展。为此，我们抢抓开展城镇面貌三年大变样的机遇，先后开展了"三年大变样攻坚年""三年大变样决战年"活动，大手笔运作，大思路谋划，大动作实施，大力度投入，城市面貌实现了质的变化，宁晋县位列河北省城镇面貌三年大变样工作先进县前十名，并荣获"全国生态宜居示范县"荣誉称号。在取得可喜成绩的同时，我们也积累了丰富的城市建设经验，对如何建设城市有了更为深刻的认识和体会。

一、开展"三年大变样"，加快城市建设，科学确定城市定位规划是前提

一个城市的发展，必须首先明确发展的战略定位、编制科学的规划。战略定位要根据城市的地理坐标、区位特点、资源禀赋、产业优势、基础现状、历史文化、发展趋势等因素，科学定位、合理规划。发展战略一旦确定，就要制定科学的城市总体规划、分区规划和控制性详规。为此，在"三年大变样"中，我们立足宁晋距石家庄仅60公里，已形成光伏材料、电线电缆、纺织服装、机械制造等特色产业，拥有储量1000亿元盐矿资源等区位、产业和基础优势，积极主动与省会对接，瞄准产业发展前景，着眼未来社会发展方向，确定了"省会周边有影响的宜居宜业中等城市"的城市发展定位。在此基础上，按照中心聚集（主城区）、双心优化（老城区商业中心和新区行政中心）、轴线扩展的原则，构建一个中心（以县城为中心）、点上开花（大陆村镇、苏家庄镇、贾家口镇、耿庄桥镇、东汪镇等为重点）、组团发展（发展5个中心镇，扶持30个新农村示范村）的框架，构筑中等城市—小城镇—新农村的城镇空间布局，形成科学合理、功能完善的城镇体系，并聘请上海复旦大学规划设计研究院编制了城市总体规划和城市控制性详规，为城市建设提供了重要依据。

二、开展"三年大变样"，加快城市建设，提高城市承载能力是关键

扩大城市规模、提高城市空间容量、增强承载能力，是城市建设的关键所在，有着打基础、利长远的重要作用。在"三年大变样"中，我们把拆出发展空间、拉开城市框架作为最直接、最重要的途径，以大拆促大建，以大建促大变。一方面，拆出发展空间。自2009年以来，我们将大规模拆迁与日常拆迁相结合，先后开展了"拆破、拆旧、拆危陋、拆不雅"等拆违拆迁活动，顺利清理沙场、煤场、废品收购站及违章建筑155处。在此基础上，趁势开展了晶龙街、宁辛路拆迁改造，三角公园片区拆迁改造等大规模集中连片拆迁改造工作。其中，实施的三角公园片区拆迁工程，是宁晋县历年来最大规模的一次拆迁，共涉及占地190亩，拆迁面积18.7万平方米，企业、门市、住户等206家，拆迁量大、涉及面广、情况十分复杂。经过紧张筹备以及各有关部门的共同努力，仅用了不到一个月时间，就基本完成了拆迁任务。自"三年大变样"开展以来，全县累计拆迁149.1万平方米，在为城市建设腾出了发展空间的同时，以拆促建的观念也已深入人心。另一方面，拉开城市框架。按照构建大交通路网格局的要求，2009年我们投资3.8亿元，新改建了友谊大街、九河大街、宁纺北

路、平安路、晶龙街等16条道路。特别是九河大街在原16米双向四车道基础上拓宽了一倍，建成了双向八车道32米的高标准道路。2010年继续加大道路建设力度，投资5.69亿元，实施兴宁街东延、兴宁街西伸、鼓楼街改造、天宝街170西伸、西仓路、洨河路、西华路等14项工程建设，城区形成了"九纵八横、外环内网"的路网格局，27平方公里的城市框架基本拉开。

三、开展"三年大变样"，加快城市建设，构筑城市产业发展平台是支撑

产业是支撑经济发展的核心和基础，也是促进城市人口聚集、规模扩张的源动力。为此，我们树立"做城市就做产业"的理念，坚持以产业发展带动城市扩张，引导企业向城镇集中、向园区集中，形成了产业化与城市化的良性互动。目前，已有120家千万元以上企业落户县城，美国、日本、澳大利亚、德国等12个国家和地区的客商来宁晋投资，其中，亿元以上内资企业26家，1000万美元以上外资企业19家，解决就业人口近3万人。壮大了县域经济。立足宁晋产业基础和优势，大力发展工业经济，集中精力做大做强电线电缆、纺织服装、机械制造等特色主导产业，培育壮大光伏材料、盐化工、生物制药等新兴产业，积极发展现代金融、现代物流、商贸经济、文化旅游等现代服务业，增强了发展后劲。拓展了城镇空间，按照"布局集中、产业集聚、用地集约"要求，规划建设了"两区五园"（西城高新技术产业区，盐化工循环经济示范区；依托现有产业布局，在县城及周边规划建设汽车配件园、电缆工业园、精细化工园、农业生态园、文化产业园）的发展格局，培育一批有较强竞争力的优势产业集群。通过产业、园区与城市建设的互动，形成产业与城市化的相互支撑、相互促进的良好格局，不仅扩大了城市规模、增强了城市吸纳力，更形成了工业的聚集效应，壮大了城市经济。

四、开展"三年大变样"，加快城市建设，坚持做到以人为本是核心

做城市就是做民生。从现阶段来看，城市就是拉动就业的主战场，是现代人追求的生活居所，已成为人们改善生活质量、享受现代文明的重要场所。城市建设好与不好，不仅关系到经济发展，也关系到民生问题。为此，我们在"三年大变样"中，坚持把民生工程作为投入的重点，先后投资70亿元，实施了120多项城建重点工程，使人民群众真正享受到了发展的成果。

1. 加强基础设施建设。加快城区供水管网改造，排水管网疏通，供气管网和供热管网建设，逐步取缔自备井、自备小锅炉，实现城区集中供水、供气、供暖，营造天蓝、水清、城绿的城区环境。建设了体育场、客运站等基础设施，改善了人居环境，提升了城市品位。

2. 改善城市居住条件。新建住宅小区15个，新增住宅面积70万平方米，人均住宅面积31平方米。为节约城市用地，提升城市品位，积极发展高层住宅建设，规划了12至33层高层建筑54座，目前已建成晶龙科技中心、行政服务中心等高层建筑28座，成为宁晋县城建亮点。同时，进一步加大了保障性住房建设力

度，总面积1.83万平方米的经济适用房和50套廉租房已开工。

3. 实施园林绿化工程。自2009年始，以建设国家级园林城市为目标，投资3.48亿元相继实施了汪洋沟带状公园、生态农业观光园、综合文化区公园等23项工程建设。昔日污水横流、人民群众反映强烈的"臭水河"建成了环境优美的"民心河"，沿河建成占地50多万平方米的7个开放式主题公园，真正成为集防汛排洪、旅游观光、生态度假为一体的带状景观风貌区和绿色生态走廊；建成了占地33800平方米的民乐园广场，集行政集会和休闲娱乐、健身于一体，每到夜晚游人如织，成为了真正的"民乐园"。

五、开展"三年大变样"，加快城市建设，坚持创新工作举措是保障

"三年大变样"是一项艰巨任务，仅靠传统方法很难有效解决所有的问题，只有善于运用创新的理念、发展的办法，才能破解遇到的困难和问题，把

◎ 宁晋综合文化公园

"办不到"变成"办得到""办得好"。一方面,在推进机制上创新。明确领导分包,每年都以正式文件的形式,明确每项工程的分包县领导,承办单位和协办单位,形成各司其职、各负其责、协调联动、齐抓共管的强大合力。提早进行谋划运作,于每年10月前就开始对次年工程进行谋划,年前就开始进行征地、拆迁、招投标等前期工作,为工程建设争取了有效施工时间。选派后备干部拆迁,拆迁改造是城市建设的"棘手"难题,我们将拆迁改造活动作为检验干部、锤炼干部、发现干部的主战场,2009年、2010年先后从各单位抽调了80多名后备干部参与城市拆迁,提拔重用表现突出的50名干部,有效推动了拆迁工作开展。实施挂帐督办,承办、协办单位将每项工程都拉出时间进度表,并在新闻媒体公开承诺,激发了工作积极性,形成了强大工作推进力。另一方面,在融资模式上创新。城市建设需要大量的资金,虽然我们具有了一定的实力,但仅凭自身的力量在短时间内很难取得明显成效。我们大胆创新,与太平洋建设集团合作运用BT模式融资,修建了12条道路及辅助设施建设,总投资5.75亿元,建设期内仅支付35%,其余的65%分四年偿还,缓解了城建的资金压力,迅速拉开了城市框架。

(作者系中共宁晋县委书记)

完善城市功能　打造宜居城市
在加速推进城镇化进程中实现大变样

张栋华

近年来，宁晋县根据省、市城镇面貌三年大变样工作部署，按照"科学规划、完善功能、以工促城、统筹发展"的思路，不断加大城市建设力度，积极推进工业布局调整，城镇化进程明显加快。目前，县城建成区面积21.5平方公里，县城居住人口21.6万人，全县城镇化率达46.5%。中等城市框架初步构建。三年新增道路里程68公里，是以前城区道路总里程1.5倍，总里程达116公里，构筑了外围成环、城区成网、九纵八横、四通八达的路网格局，形成了27平方公里的中等城市框架。城市功能更加完善。县供水厂、污水处理厂、垃圾处理场全部建成并投入正常运行。管网供水普及率达到100%，县城燃气普及率达100%。城市现代魅力初显。主要街道两侧建筑、高层建筑及所有标志性建筑全部安装轮廓灯、霓虹灯，打造了美轮美奂的夜间景观。相继建成了30余栋12层以上高层建筑，晶龙科技中心、行政服务中心、四星级山水假日酒店、体育场、博物馆等精品工程建设亮点频出，现代化气息日渐浓厚。居民生活更加舒适。共建成住宅小区30个，人均住宅面积31平方米，是2007年的1.5倍。人均绿地面积达11平方米，绿化覆盖率达43%，全年二级以上天数361天，人居环境大大改善。城市管理更加规范。高标准完成了县城总体规划、控制性详细规划、县城形象设计、专项规划、景观规划、县域村镇体系及新民居规划的修编工作，实现了规划全覆盖。深入开展了以市容市貌、环境卫生、交通秩序整治及拆旧拆陋为主要内容的整治行动，城市容貌得到有效改善，城市管理逐步向网格化、精细化、数字化迈进。2009年，荣获河北省宜居城市环境建设"燕赵杯"竞赛扩权县组金奖；2010年，荣获"全国生态宜居示范县"荣誉称号，被评为"河北省城镇面貌三年大变样工作先进县（市）"。

可以说，"三年大变样"活动开展以来的三年，是宁晋城镇化进程推进最快的三年，是城市建设投资最大、城建项目最多的三年，也是城市变化最大的三年，更是全县经济社会发展最快的三年。在推进城镇面貌三年大变样工作中，有几点感悟很深刻。

一、实现城镇面貌大变样，必须以城市化的视角规划城市

规划是城市发展的"总纲"。要建设好城市，首要一点是有科学长远的规划。对此，我们坚持"跳出城建抓城建、面向未来抓规划"，站在城镇化的高度，着眼于撤县建市和建设30万人口中等城市目标，高标准规划，高水平设计，确保建设出品位、出精品。聘请了上海复旦大学规划设计研究院、邢台市规划设计研究院对县城总体规划进行了修编。新规划确定了"东延、北扩、西伸、南控"的发展方向和"东城西区，一体两翼，凤凰展翅"的发展思路，以战略的眼光、全新的形象将宁晋未来定位为省会周边宜居宜业中等城市。聘请亚泰都会（北京）城市设计院编制了县城控制性详细规划，聘请北京任道国际策划公司进行了城市主题定位与区域整体经济策划。同时，开展了城市街道景观规划设计，第一次引进了城市道路景观规划理念，先后聘请天津大学规划设计院、石家庄润恒景观规划设计院完成了凤凰路、晶龙街包装、北环路绿化3项街道景观规划设计。目前，已编制完成了给水、排水、供热、燃气、消防等25项专项规划以及5项城市设计、城市容貌景观规划，做到了规划设计全覆盖，为城市的健康有序发展奠定了坚实基础。

二、实现城镇面貌大变样，必须以工业化促进城镇化

城镇化是带动经济发展的"火车头"，是经济发展的重要动力。工业化是城市建设和发展的重要支撑，工业兴县，工业更兴城。宁晋城市发展的一个重要优势是工业相对集中于县城，为进一步放大这一优势效应，实现企业向园区集中，园区向城市集中，以工业化加速发展促进城镇化进程，使城市的发展成为有源之水。早在2003年，我们就提出了"东城西区"（"东城"即在县城东部，以宁纺集团为核心，加快建设10平方公里的纺织城。"西区"即在县城西部，积极发展以光伏材料为主的15平方公里高科技园区）发展战略，经过近两年的修编完善，形成了目前"东城西区，一体两翼，凤凰展翅""中间商业、两边工业"的城市发展格局。经过近几年的努力，县城已有200家规模企业入驻"东城西区"。"东城"以宁纺集团为首的"宁纺城"，拥有子公司13家，员工万余人，学校、医院、住宅小区、邮电通讯等相关配套设施一应俱全，自成一体。"西区"重点抓好了以世界规模最大的太阳能级硅材料生产企业晶龙集团为中心的单晶硅园区的规划、设计，积极打造宁晋"硅光电子城"。已建成的晶龙集团的总部，建筑整体为双子座大楼，主楼为19层、高98米的圆形建筑，附楼为地上9层，高50米的方形建筑，东方西圆，结构舒展，别具特色。宁晋城区基本形成了以晶龙集团、宁纺集团等为代表的工业城市化特色，城区呈现出整体布局合理、单体风格突出、工业化与城市化相得益彰的特色景观。我们对工业企业建筑的建设提出了更高标准，要求一个企业就是一座标志性建筑。分别在东西城区建成了高110米丰利复合肥造粒高塔和高142米的永进超高压电缆立塔，两座高塔东西相望，成为县城工业企业高层建筑的亮点。通过积极努力，宁晋县先后被评为了"中国休闲服装名城""中国电线电缆之乡"，宁纺集团获"全国灯芯绒研发生产基地"称号。目前，我们正在加紧实施的盐矿开发项目，谋划了总投资800多亿元、占地20平方公里的国家级盐煤化工循环经济示范园区，提出了依托"新兴盐化工城"再建一个新宁晋的口号。

三、实现城镇面貌大变样，必须大手笔、大动作、大气魄建设城市

自城镇面貌三年大变样活动开展以来，先后实施城市建设重点工程120多

◎ 凤城西湖

项，完成投资近70亿元，相当于改革开放以来的总和。对城市建设，我们始终坚持全党动员、全民参与，四大班子一起上，成立了由县委书记任政委、县长任指挥长的指挥部，每年组织召开大规模的动员大会，采取多种形式动员社会各界广泛参与，形成了领导重视、干部带头、人人参与的浓厚氛围，有力地推动了各项城建工程顺利实施。工作中，书记、县长亲自抓，多次召开调度会，亲临工程现场进行指挥，督促工程进展，解决存在问题；县四大班子领导人人有任务、人人包工程，每季视察工程建设现场；县政府主管领导每周召开调度会，协调处理工作中存在的问题；承办、协办单位坚持"5+2""白加黑"的工作精神，放弃节假日，紧盯建设一线，及时发现、解决影响工期的难点和问题，确保了各项工程有序进行。同时，积极创新思路，选拔后备干部充实到拆迁第一线，充当拆迁的生力军，既为干部施展才华搭建了平台，更有力地推进了拆迁工作迅速开展。

四、实现城镇面貌大变样，必须用创新的思维破解难题

俗话说"有钱好办事、没钱事难办"。城市建设融资渠道单一，资金短缺始终是制约城市发展的瓶颈。在"三年大变样"期间，我们在资金筹措上按照经营城市的理念，积极探索"以城建城，以城养城"的新路子，大力推进土地资源配置市场化，盘活城区国有闲置资产，积极加大向上争取资金力度，城市建设步伐不断加快。近年来，宁晋县投入的城市建设资金大部分是经过市场运作的，财政投入比重仅为5%左右。专门成立了城投公司，积极探索尝试经营城市的思路和方法，在全市率先采用BOT方式，融通污水处理厂等基础设施建设资金5752万元。特别是2010年，宁晋县与太平洋建设集团成功合作，以BT模式引进资金5亿元，建设了12条城区道路，全部实现了当年开工、当年竣工，一举拉开了城市西部路网框架。我们在土地运作上，通过变卖、置换等方式盘活城区闲置土地，在国家土地政策紧缩的形势下，创造性地解决了民乐园、文体活动中心、牛仔服装城、小南海市场等重点工程占地问题，并新建了供销怡园、晋福园、西城嘉园等住宅小区。同时，通过深入细致的群众工作、宽松的安置政策和最大限度照顾失地群众就业，顺利完成征占地2000多亩，为供水厂、污水处理厂等工程建设提供了用地保证。

五、实现城镇面貌大变样，必须时时刻刻体现关注民生

维护、实现和发展好最广大人民群众的根本利益是城镇面貌三年大变样活动的出发点和落脚点。在城市建设过程中，我们坚持以人为本，尊重民意，关注民生，突出了生态建设、路网建设、绿化亮化、住房保障等民生工程，使广大人民群众共享发展成果，赢得了群众的支持和拥护。特别是投资1.35亿元，对城区供排水管网等"看不见"的工程进行了高标准的整体规划建设，新建改建排水管网110余公里，有效解决了城区街道雨后大面积积水问题。大力度推进两厂（场）建设，污水处理厂、垃圾处理场全部提前建成运行。投资2.1亿元，对群众反映强烈的城区臭水沟——汪洋沟进行了整治，三年时间把整个污水沟变成了清水河。经过几年的治理，城区的锅炉改用集中供热，积极探索地源热泵、水源热泵等新型环保节能供热模式建筑应用，环境质量有了明显的改善。

在城市管理上，从群众关注的热点难点问题入手，从人性化的角度做好环境整治，一举消除了城区范围内沙厂、煤厂、废品收购站乱设乱建等群众反映强烈的环境问题，解决了垃圾乱扔、乱倒等卫生问题，整治了车辆乱停乱行等交通秩序问题，为群众营造了洁净、有序的生活环境。以人为本，最明显的体现就在拆迁安置问题上。我们在拆迁过程中，充分考虑和照顾群众利益，最大限度地用足国家政策，按照科学、合理、操作性强的原则，制定了《城区房屋拆迁实施办法》，并通过耐心细致的工作，使拆迁工作得民心、顺民意，以拆促建的观念已深入人心，实现了人性化拆迁、和谐安置。"三年大变样"活动开展以来，全县累计拆迁149.1万平方米，是2000年以来城市拆迁面积总和的20倍，涉及群众近千户，没有出现一起因拆迁引起的不良事件。经过"三年大变样"的洗礼，以拆促建的观念已深入人心，小规模拆迁改造形成了经常性、不间断。许多旧区群众主动提出了拆迁改造的愿望，我们都列入了计划，正在有序推进实施。

（作者系宁晋县人民政府县长）

宁晋城变展新颜

斥资2.1亿元，对城区内7.1公里长的汪洋沟实施综合治理工程；建设占地50多万平方米的6个开放式主题公园；打造"九纵八横、外环内网"的路网格局，构筑了21.5平方公里的城市骨架……"三年大变样"中，一个个城建项目的完工，使宁晋向30万人口中等城市蜕变。

三年前，宁晋城区面积不到8平方公里，人口仅为8万人；3年后，城区面积扩大为27平方公里，人口增长到21.6万人。

"城建连着民生。"宁晋县委书记孔祥友说，城建工程是最大的民生工程、民心工程。三年来，我们科学地建设城市、经营城市、管理城市，让群众充分享受"三年大变样"的成果。

"三年大变样，变化最大的就是臭水沟——汪洋沟。"县城居民刘斐深有感触地说。汪洋沟是流经县城的一条臭水河，污水来自上游企业排污，多年来一直危害着沿岸群众的身心健康。为彻底治理污染，该县将其作为"一号工程"，斥资2.1亿元，对城区内7.1公里汪洋沟实施综合治理。经过3年的紧张施工，昔日污水横流的臭水沟已变为环境优美的民心河，沿途建设了占地50多万平方米的6个开放式主题公园，使汪洋沟成了带状景观风貌区和绿色生态长廊。

宁晋在已建成民乐园、凤城西湖公园、四季公园的基础上，2010年又投资1.53亿元，实施了生态湖、生态农业观光园、百果园、北外环景观建设，为群众休闲、娱乐、健身、旅游观光提供了良好的场所。据统计，宁晋县城区公共

◎ 宁晋汪洋沟节点公园一角

绿地面积达223.3万平方米，人均绿地面积达到11平方米，绿地率由3.64%增加到35%，绿化覆盖率由10.18%增加到43%。

道路修到哪里，城市就发展到哪里。该县着力打造了快速便捷的城市交通网络，形成了"九纵八横、外环内网"的路网格局，构筑了27平方公里的城市骨架基础。三年来，累计新增道路里程68公里，面积315.7万平方米，县城道路总里程达116公里，人均道路面积由2007年的10.34平方米增加到24平方米，建成区道路网密度达6.82公里/平方公里。针对城区雨季积水严重问题，该县投资1.35亿元对城区排水管网进行了高标准的整体规划设计，新建改建排水管网110余公里，是2007年以前的3倍多，不仅有效解决了城区雨后大面积积水问题，而且新建道路全部实现了雨污分流；在供水方面，投资1600万元，实施了供水管网建设，集中供水管网实现了城区的全覆盖，日供水能力达到2万吨，供水普及率达到100%。

（原载《邢台日报》，作者 谢小燕）

武安
WU'AN

◎抓住历史机遇　坚持以人为本
　强力推进城镇面貌三年大变样
◎"三年大变样"催生发展新气象
◎在"大变样"中加速新型城镇化进程
◎武安：打造宜居家园

抓住历史机遇　坚持以人为本
强力推进城镇面貌三年大变样

中共武安市委　武安市人民政府

全省推进城镇面貌大变样的三年，正值武安加速建设中等城市的关键时期。我们牢牢抓住这一难得的历史机遇，把"三年大变样"作为加快建设区域次中心城市和新兴中等城市的重大战略举措，作为全市再次创业的两大主战场之一，突出城市建设这个重中之重，按照"新区现代化、老区古文明，城区园林式、全市生态型"的定位和"功能求完善，绿化扩总量，建筑铸精品，城市创特色"的工作思路，四套班子齐上阵，全市上下总动员，以超常的决心、超常的力度、超常的举措，高标准定位、高起点谋划、高强度推进，推动城市面貌发生了巨大变化，城镇化建设迈出重要步伐。三年来，累计完成拆违拆迁174.5万平方米，完成建设投资176亿元，实施重点城建工程73项，城市建成区面积由22.7平方公里扩展到27.4平方公里，城区人口由19.2万人增加到23.6万人，绿化覆盖率由45%提高到52.04%；先后荣获"全国规划管理先进单位""全国城市环境综合整治优秀城市""中国优秀旅游城市""国家园林城市"等荣誉称号，连续7次夺得全省"燕赵杯"竞赛金奖第一名，连续三届获得"河北省人居环境范例奖"。

一、着眼长远，完善规划，科学引领城市发展方向

面对工业化、城镇化发展的新趋向、新形势，我们认真把握城市发展的规律、特点与内涵，科学制定城市规划和"三年大变样"实施方案，描绘了城市发展的宏伟蓝图。

（一）高标定位修总规

多年来，我们始终把城市建设作为经济社会发展的战略重点，以中等城市建设统揽发展全局，城市建设驶入快车道。全省"三年大变样"工作启动后，我们深刻认识到，这是武安城市建设的历史机遇，千载难逢，不容错过。精心制定了"三年大变样"实施方案，安排了总投资165亿元的"五大工程、六大攻坚战"。河北省政府把武安确定为新培育的区域次中心城市之后，我们重新审视自我，对标更高要求，围绕城市人口50万人、建成区面积60平方公里的规模目标，着手对现行的《武安市城市总体规划》进行修编，进一步明确了城市长远发展方向。

◎ 邯武快速路武安段

◎ 武安钢铁大厦

（二）突出重点定详规

着眼于增强城市综合承载力和辐射带动力，围绕建设区域次中心城市和新兴中等城市，实施"东接西扩南延北拓中改"战略，以"一带三区"为重点，分区域制定了控制性详规。"一带"，即邯武快速路沿线，是对接邯郸大都市的主窗口，通过高标准绿化，培育高档服务业和新兴产业，打造生态景观和经济隆起带。"三区"，即西苑新区，是城市西扩的主战场，在现有西苑千亩森林公园的基础上，建设以行政办公、医疗卫生、现代住宅为主要功能的城市新区；洺湖新区，是城市南延的主阵地，以拥有4平方公里水面的洺湖为依托，建设以文化教育、旅游休闲和高档住宅为主要功能的城市新区；历史文化街区，是城市中改的核心区，以历史文化广场和商业步行街改造为重点，展现武安悠

久历史和地方特色文化。"一带三区"建成后，将使城区面积由现在的27.4平方公里扩大到60多平方公里。同时，制定了绿地系统、公共交通等八大类、170余项专项规划，形成了较为完备的城市规划体系。

（三）完善体制保落实

成立了由市主要领导亲自挂帅、主管领导直接参与、相关部门具体落实的城市规划委员会；组建了由省市规划、建筑专家组成的专家咨询委员会；健全完善了规划例会常规决策、专家咨询委员会指导决策、城市规划委员会重大问题专项决策的体制机制，增强了城市规划的权威性和科学性。同时健全了以行政监督、法律监督、公众监督和舆论监督为主的规划监督体系，设立了规划公示大厅，成立了规划稽查中队，保障了各项规划的落实。

二、以人为本，突出重点，加快中等城市建设步伐

"三年大变样"，拆迁是前提，建设是关键，变化是效果。我们本着"以拆促建、以建促变、拆建结合"的原则，在完成170多万平方米拆违拆迁的同时，一着不让地抓好城市建设。立足武安实际，适应群众需求，每年实施一批重点城建工程，使城市功能日臻完善、品位大幅提升、面貌明显改变。

（一）营造绿色家园，建设园林城市

城市的生机在生态，生态的底蕴在园林，武安作为一个重化工业城市，加强绿化建设尤为重要。但是，由于城区地形复杂、土质条件较差等原因，绿化建设难度大、成本高。为切实提高城市品位，我们把园林绿化摆在"三年大变样"的首要位置，瞄准国家园林城市目标，坚持因地制宜，创新绿化模式，实施"租、种、养、管"一体化，按照"顺应自然、师法自然、利用自然、再造自然"的理念，借势造绿、注重特色，先后将散布在城区的丘荒地、水洼地、垃圾沟和拦污坝等改造成一片片景色怡人、风格迥异的公共绿地，使城区形成了3个广场、8个公园、10个游园、15个片林组成的园林体系，构建了东有"东山"、西有"西苑"、南有"洺湖"、北有"白鹤"、中有"西岭湖"的精品园林绿化格局，实现了"三百米见绿、五百米见园"。其中，环城分布的4个千亩森林公园，成为城市的天然氧吧；融自然生态于一体的白鹤公园，受到国家

园林专家的高度好评；体现皇家园林风格的西岭湖公园，被有关专家誉为"全省园林艺术的典范"。三年来，城区新增绿地面积8000余亩，人均公共绿地面积由2007年9.8平方米增至16.02平方米，走出了一条符合武安实际、独具山区特色的园林城市创建之路。

（二）狠抓节能减排，建设宜居城市

环境质量明显改善是"三年大变样"的首要目标，是现代城市发展的重要特征和内在要求。针对武安"重型结构、两高一资"的产业特征，我们在加强城市绿化、净化空气的同时，大力实施"蓝天"工程，着力减少环境污染，改善空气质量。被列入省节能减排"双三十"单位后，我们把节能减排作为法定职责和政治任务，作为改善群众生存环境、提高群众生活质量的重要举措，大力实施组织、责任"两到位"，工程、资金、技术"三支撑"，打响了节能减排攻坚战。三年来，市财政先后投入奖补资金近亿元，带动全市累计投资34.6亿元，建成节能项目32个、减排工程52个，淘汰钢铁、焦炭、水泥等落后产能700多万吨，拆除"黑烟囱"46根；大力发展循环经济，围绕构建企业内部小循环、行业之间中循环和全市经济大循环，打造了"水体、能量、尾气、固体废弃物"4条循环链，正在加紧建设的新峰循环经济产业示范园，总投资超100亿元，有望被评为国家循环经济示范园、国家低碳经济示范区，全部建成后每年可消化工业废渣、建筑和生活垃圾1200多万吨，环境质量进一步改善。

（三）打造精品工程，建设魅力城市

立足提升城市品位，展示现代魅力，按照"建筑铸精品，城市创特色"的思路，坚持不建则已、建必求精，既注重打造标志性精品建筑，又注重在细节上体现匠心，力求处处精彩、不留遗憾。在设计上坚持高起点。全面放开规划设计市场，大力引进国内一流的设计机构参与城市规划，三年来，城市详细设计、修建性详规、公建建筑设计全部面向全国，多方遴选，吸引了清华大学、天津大学、同济大学、上海现代建筑设计集团等一大批高校名院参与项目设计。在建设上坚持高档次。坚持面向全国公开招标城市重大项目的施工企业，优选了中铁24局、中建三局等一批"中"字头企业，催生了一大批精品工程，提升了城建水平。飞架南北的中山大街高架桥，成为展示武安独特地形地貌的

靓丽名片；总投资8.7亿元的五星级酒店——钢铁大厦现已全面运营，构筑起武安首个地标性建筑群；总投资5.3亿元的新市医院，即将投运，届时将成为全省规模最大的县办医院；总投资4.7亿元的体育中心，正在进行顶部钢构施工，建成后将成为河北省南部地区投资最大、规模最大、标准最高的综合性体育基础设施。同时，高标准谋划的中央商务区（CBD）、邯武快速路交通枢纽、历史文化广场、商业步行街等一大批精品项目正在抓紧推进。

（四）强化住房保障，建设安居城市

做城市就是做民生。我们把"住有所居"作为"三年大变样"工作中的重大政治任务，着力改善居民居住条件，通过加强政策倾斜，优化发展环境，规范管理制度，壮大房地产业，相继启动实施了雅园国际花都、观澜城等近百栋高层智能化商住楼，总面积160余万平方米，极大地增加了商品房供给。大力推进城中村改造，注重兼顾拆迁群众、街村、开发商三者的利益，着力调动群众的积极性。三年来，共完成城中村拆迁80.6万平方米，腾出土地106万平方米，总建筑面积100余万平方米的改造项目正在实施。把保障性住房建设作为重大民心工程，实施了总投资15亿元的保障性住房安泰小区建设，一期4万平方米已基本建成，将使600多户低收入家庭受益。建立健全了低收入家庭住房保障制度，2008年以来，共发放住房保障补贴70余万元，回购、配建廉租房312套、1.5万余平方米，廉租住房保障户数达到385户，实现了应保尽保。同时，加强配套基础设施建设，构建了"十纵六横一环"城市路网，开通城市公交线路13条、200余公里，建成了污水处理厂和垃圾处理场，城区新增集中供热面积265万平方米，供热普及率提高到80%，燃气普及率达到100%，使广大居民更安居、更乐居。

三、完善机制，精细管理，全面提升城市管理水平

改善城市面貌，短期在建，长期靠管。武安作为一个由大农村"蜕变"而成的新兴中等城市，尤其需要加强城市管理。我们牢树"以管理取胜"的理念，把营造整洁优美的城市环境摆在突出位置，使城市管理步入了制度化、标准化轨道。

（一）建立城市容貌长效管理机制

在持续开展以建筑包装、环境卫生、交通秩序、占道经营、户外广告、设施维护、小区管理等为主要内容的综合整治活动基础上，着手建立长效机制。特别是在净化方面，我们在对城区主次干道实行"定人、定岗、定管理"责任制、实现机械化清扫的同时，创新城区环卫管理模式，将武安镇负责的小街巷归入住建局统一管理，实行"一个部门管到底、一把扫帚扫到底、一个标准量到底"，一日两扫，全天保洁，彻底扭转了城区特别是小街巷的环境卫生面貌。截至目前，我市清扫保洁面积由原来的330万平方米增加到现在的516万平方米。如今在武安城区内的主次干道上，看不到一处占道经营、流动摊点，最令人头疼的"牛皮癣"，从根本上得到治理，实现了环境卫生工作的长效、常态管理。

（二）全面实施街景整治

按照"恪求精细、彰显大气、体现匠心"的要求，坚持建筑包装、管线入地和夜景亮化等工程统筹并抓，通过给政策、减收费，有计划、分步骤地对城区主干道两侧进行整治改造。三年来，累计完成了中兴路、新华大街等8条道路171栋既有建筑包装整治、中兴路等8条道路100余栋建筑亮化改造和富强大街、建东街等15条主次干道的架空线入地改造，有效改善了街景效果。

（三）大力推进城市信息化管理

围绕建立责任明确、分工合理、管理精细、运转高效、监督有力的城市行政管理机制，以网格化、精细化为目标，将涉及住建、工商和公安等部门的城市管理执法资源进行了整合，启动集城市管理、应急指挥、便民服务和行政效能电子监察等功能于一体的指挥系统建设，初步搭建了数字化城市管理平台。规范和延伸了"5612345"市长热线和"12319"城建便民热线二级网络，提升了城市管理的信息化、科学化水平。

四、创新举措，多元投入，全面激活城市发展活力

随着"三年大变样"的持续深入、城镇化进程的不断加快，城市建设所面临的资金"瓶颈"制约日益凸显。对此，我们坚持解放思想，创新举措，着

力破解发展难题,为城市持续发展注入了活力。一是政府主导"投"。依托近年来经济的持续快速发展,坚持财政资金重点向城镇建设倾斜不动摇,三年来,市财政直接投入城镇建设资金近30亿元,提供了强有力的支撑保障。二是面向社会"集"。采取"因事制宜、一事一议"的办法,通过出台免收一定期限的城市配套费用等优惠政策,鼓励社会资金投入城市基础设施建设。城市地下的煤气、热力、电力、通讯等各类管线全部由社会投资完成。三是搞活经营"聚"。积极采取市场化方式,搞好城市有形和无形资产经营,通过将城市地下管线路由权、城区路名牌设置、围墙广告宣传、候车亭宣传牌等推向市场、公开招标,积聚了城建资金。四是通过银行"贷"。积极开展银城对接,全力争取银行贷款,适度举债加快城市建设。武安市一中、市医院、中山大街改造以及正在建设的体育中心等重大工程项目均是通过贷款实施运作的,累计贷款15亿多元。五是组建公司"融"。抓好国有资产经营和城市建设投资开发公司的组建运营,按照"政府主导、市场运作"模式,充分利用融资平台,通过BOT、BT等方式,解决了城区污水处理厂和二环路、西苑大街等重点工程约10亿元资金,并引进战略投资者建成了投资达8.7亿元的钢铁大厦暨财富广场等重点工程。六是捆绑开发"引"。坚持尊重规律、滚动发展,对洺湖新区等重点区域,通过改善生态环境,提升周边土地价值,吸引社会投资,形成了环境建设带动土地开发、土地开发促进城市建设、城市建设拉动社会投资的良性循环。三年来,累计170多亿元的建设投入80%以上来自于社会资金,有力推进了"三年大变样"工作的开展。

"三年大变样"催生发展新气象

孟广军

武安市位于河北省南部、太行山东麓,是全省22个扩权县(市)之一,邯郸唯一的县级市。河北省委、省政府作出开展城镇面貌三年大变样的战略决策之后,我们把"三年大变样"作为开展再次创业的主要战场、建设中等城市的有效载体、拉动经济增长的强力引擎、提高群众生活质量的民心工程,抓住机遇,乘势而上,迅速掀起了城乡建设新高潮。三年来,城区面积由22.7平方公里扩展到27.4平方公里,人口由19.2万人增加到23.6万人。2009年,武安市被河北省政府确定为新培育的区域次中心城市,跻身"国家园林城市"行列。2010年12月,武安被河北省委、省政府命名为全省"城镇面貌三年大变样工作先进县(市)"。

一、推进"三年大变样",必须以科学发展为总揽

受世界金融危机影响,以钢铁、焦化、建材为主的武安经济,遇到了进入新世纪以来前所未有的困难。如何实现武安又好又快发展,是我们认真思考和解决的首要问题。置身改革发展全局,新一轮城镇化浪潮正在兴起,城镇化对经济社会发展的巨大推动作用正在逐步显现。为此,我们抓住机遇,乘势而起,着力以"三年大变样"带动工业化、城镇化、现代化进程。

（一）强化产业支撑，推动工业化、城镇化相互促进

坚持"围绕产业兴城镇、依托城镇兴产业"，把优化产业布局与推进城镇化结合起来，谋划了河北武安工业园区、新峰循环经济示范区、南洺河冶金工业聚集区。目前，总规划面积124平方公里的三大聚集区入驻企业达85家，年工业增加值167亿元，上缴税金16亿元，带动了城区规模扩张，拉动了磁山、阳邑等重点小城镇的发展，促进了人口向城镇集中。

（二）坚持统筹城乡，推动城市与农村共同进步

在大力推动城市建设发展的同时，我们把新民居建设作为统筹城乡发展、改善农村面貌的大事来抓。坚持科学规划、整村推进、分步实施、以点带面，掀起了新民居建设的新高潮。目前，全市已有30多个村开展整村推进新民居建设，磁山二街、白沙、崇义三街等村率先基本实现住宅楼房化、村庄园林化、管理社区化和集中供热供气，展现出农村城市化的美好前景。

（三）狠抓节能减排，推动生产与生态协调发展

实现"三年大变样"，生态环境恢复是核心和关键，对于武安这样一个重化工业集中的县份来说尤其如此。为此，我们把节能减排作为推动经济转型和可持续发展的必然选择，开展"三年大变样"的首要任务，实施"组织、责任"两到位，强化"工程、资金、技术"三支撑。2008年，武安市在全省"双三十"节能减排目标考核中位居优秀之列，排名第二。经过连续奋战，"十一五"节能减排指标圆满完成，城区大气二级以上天数达到341天。

（四）坚持以人为本，推动城镇面貌与群众生活面貌同步改善

为使"三年大变样"真正成为"德政工程、民心工程"，我们在规划、设计、建设等各个方面，体现人本理念，注重人文关怀。目前，城市集中供热面积达585万平方米，城市燃气普及率、自来水普及率均达到100%；雅园国际花都、白云小区等一批功能完善的居住小区相继投入使用，居住条件大为改观。总投资15亿多元、建筑面积53.9万平方米的经济适用房安泰小区正在抓紧建设，廉租房制度逐步推开，住房保障体系进一步完善。

◎ 武安城区远眺

二、开展"三年大变样",必须把城市建设作为主战场

城市化是衡量一个地区现代化水平的重要标志,是推进城乡一体化发展的龙头和主要驱动力,只有不断做大做强城市,城乡一体化才能快速推进,越来越多的人民群众才能共享城市文明。近年来,我们按照"以人为本、方便高效,建筑精美、环境优雅,新区现代化、老区古文明"的发展思路,大力实施"东接西扩南延"战略,推动城市建设一年一大步,三年迈上新台阶。

(一)坚持规划引领,立足高起点

规划是城市的灵魂,管理的基准。随着经济社会的发展,城市规划已经成为一项重要的公共政策,在指导城市发展、建设和管理等方面的作用越来越突出。三年来,我们相继完成了《城市总体设计》、城市近期建设规划范围内的控制性详细规划、土地利用规划、绿地系统规划、环境保护规划等一系列专业专项规划的编制工作,形成了较为完备的城市规划体系。城区近期建设地段控制性详细规划覆盖率达到100%。

(二)坚持以拆为先,打好歼灭战

武安城区是在武安镇基础上扩建而来的,由于历史原因,遗留的违章建筑、破旧建筑较多,是影响城市面貌的主要因素。为此,我们把拆迁作硬仗来打。

1. 城乡联动、"七拆"并举,把国省干线两侧、旅游区内违法违章建筑列入拆迁任务,与城区拆除工作一并推进。在拆违、拆临、拆破、拆旧、拆陋"五拆"基础上,结合实际,增加了"拆危""拆污"。

2. 坚持依法办事、有情操作。对各类建筑的性质依法作出界定,违法建筑、临时建筑一律不予补偿;国有资产核销不补;企业和个人合法建筑的,根据实际自行补偿。为调动积极性,建立了自行拆除奖励机制,目前已累计兑现奖金5000余万元。

3. 坚持即拆即绿、加快整治。实行建筑随即拆除、垃圾随即清运、地块随即整治。把绿化作为拆后美化整治的主要方式,实行统一规划、统一标准,单位自行负责,专业队伍施工。群众普遍反映路变宽了、心敞亮了、城市现代气息更浓了。

（三）坚持打造精品，推进大建设

建筑没有体量，就不会产生视觉冲击力和大的影响力；工程粗制滥造，就会留下历史遗憾。在推动城建重点工程建设中，我们始终坚持"不建则已，建必精品"的原则。

1. 立足高起点，追求高水平。面向国内优选高水平规划设计队伍和建筑施工队伍，先后邀请清华大学、同济大学、现代设计集团等国内顶级设计单位参与重点工程规划设计。

2. 着眼大发展，拉开大框架。围绕扩张城市规模，规划了总面积34平方公里的西苑、光明、洺湖三大新区，启动了全长40公里、途经7个乡镇20个村的城市二环路建设。

3. 挥动大手笔，构筑新地标。谋划了总投资20多亿元的财富广场节点建筑群项目。跨度超千米的中山大街高架桥已经通车，右侧由3幢高度超100米建筑组成的钢铁大厦（五星级酒店）全面运营，左侧由3幢高度80米建筑组成、建筑面积6.2万平方米的城市佳园投入使用，形成首个地标性建筑群。

4. 功能求完善，提高承载力。日处理能力6.6万吨的城市污水处理厂和日处理能力400余吨的城市垃圾处理场投入运行，中水回用正在加紧建设。总投资4.7亿元的体育场（馆）、游泳馆项目主体基本完工，建成后可承办省级以上赛事。

三、开展"三年大变样"，必须以改革创新谋突破

"三年大变样"，本质上是要谋求城镇化建设的跨越式发展。武安作为全省重点培育的新兴中等城市，在"三年大变样"中，面临着拆旧与建新两大课题，承担着赶超与补课的双重任务，遇到了土地、资金等诸多瓶颈制约。这就必然要求我们在思想解放上有新的境界、新的作为，善于运用市场经济的观念和手段去解决问题、推动工作，以体制机制、措施方法的创新，促进各项工作实现新突破。

（一）拓宽渠道，向开放搞活要资金

武安经济实力虽然较强，但财政资金仍然十分有限，不可能支撑"三年大

变样"庞大的投资需求。对此，我们在加大财政投入力度的同时，积极探索开辟了四个融资渠道。

1. 组织行业投资。通过政府投资带动部门和行业投资，完善基础设施中的配套功能。在总投资2.3亿元的中山大街改造中，电力、通信等部门埋设管线投资达到4000多万元。

2. 鼓励民营企业投入市政建设。通过出让冠名权、宣传、表彰等方式，引导民营企业投资。投资7000万元、占地500多亩、国家4A级景区——东山文化博艺园，由东山冶金公司董事长王庚庆个人出资建设。

3. 吸引民营大企业参与开发。兴华钢铁公司在政府的鼓励下，注册成立了兴华房地产公司，投资8亿多元建设了武安钢铁大厦暨财富广场项目。

4. 积极采取BOT、BT融资模式。城市污水处理厂一期工程，由河北神华投资公司以BOT模式建设。总投资18亿元的城市二环路，采用了BT模式，目前已启动实施。

（二）开阔思路，向内部挖潜要土地

随着国家保护耕地"红线"政策力度加大，城镇化建设所需土地日益紧张。对此，我们在严格执行国家土地政策的前提下，活化思路，多措并举，努力为"三年大变样"提供土地支撑。

1. 盘活存量"增"。积极盘活存量用地，不断加大内涵挖潜力度，将破产后的化肥厂和磷肥厂350亩土地依法收回，纳入储备。

2. 跑部进厅"争"。市级领导同志多次亲自带队跑部进厅，争取到了市第一中学和市医院迁建等重点城建工程用地指标。

3. 开发整治"补"。按照开发、整治、复垦并举，为建设用地占补平衡补充储备土地资源。

4. 城乡挂钩"换"。启动了以村庄合并为切入点的新型农村社区建设，将农村整理节约出的建设用地，按照有关规定，支持城镇化建设。

（三）积极探索，向机制体制创新要实效

针对"年年植树不见树"问题，探索建立了"租、种、养、管"一体化绿化模式，统一筹资，专业种植，保植保活。针对城区旧的环卫体制多头管理带来的推诿扯皮问题，决定城区环境卫生由住建局统一管理，实行"一把扫帚扫到底"，一日两扫，全天保洁。围绕加强市容管理，建立了定人、定岗、定管理目标"三定"责任制，对广场、游园、公园和城市主要道路等公共场所逐一制定了管理标准和办法，成立了专门管理队伍，实行了全天候管理。

四、开展"三年大变样"，必须以作风建设为保障

"三年大变样"是一场攻坚战、持久战，同时在某个时间段又需要打响突击战、歼灭战，对干部作风提出了更高要求。为此，我们把"三年大变样"作为历练干部作风的"磨刀石"、检验作风建设的"试金石"，在推进"三年大变样"中转变作风，依靠作风转变推动"三年大变样"取得更大成效。

（一）领导带头聚力攻坚

成立了市委书记任政委、市长任指挥长的高规格指挥部。指挥部每月调度一次，四套班子成员一线督导、狠抓落实。在各级干部中大力倡导"四个带头""三个艰苦"（带头转变作风、带头联系群众、带头廉洁自律、带头维护团结，学习艰苦、思想艰苦、工作艰苦）的精神，弘扬"5+2"、"白加黑"、"事无巨细、事必躬亲、事不过夜"连续作战、敢打善拼的作风，推动了一个又一个难题的破解，促进了工作开展。

（二）严明责任强力推进

把"三年大变样"作为领导班子和领导干部实绩考核的重要内容，对各项工作任务、阶段性目标进行细化分解，明确到单位，落实到人头，建立了奖惩机制。对拆违拆迁、重点工程建设、城中村拆迁改造、建筑包装和管线入地四项重点工作，建立了专项责任追究体系。先后有23个单位被通报批评，对6名领导干部进行了诫勉谈话，教育了各级干部以真抓实干的作风，投入到"三年大变样"的火热实践中。

（三）严肃纪律强化保障

为确保"三年大变样"各项工作的顺利进行，以提高执行力为核心严肃政治纪律、以提高战斗力为核心严肃组织纪律、以提高号召力为核心严肃群众纪律、以保持纯洁性为核心严肃财经纪律。特别是针对比较敏感的拆迁工作，提

出了"四个严禁",即严禁随意改变政策;严禁暗箱操作;严禁优亲厚友、厚此薄彼;严禁乱许诺、乱开口子,保证了拆迁工作依法、公平、合理、有情进行。在"三年大变样"开展以来的拆迁大会战中,不仅没有一户被强制拆迁,而且出现了一个又一个互助搬家、相互理解和支持拆迁的感人场面。

(作者系中共武安市委书记)

在"大变样"中加速新型城镇化进程

李明朝

全省推进城镇面貌大变样的三年，正值武安加速建设中等城市的关键时期。我们积极抢抓这一难得历史机遇，立足于推进城乡一体化、城市现代化、环境生态化和产城互动化，坚持做到"四个贯穿始终"，实现了城镇面貌大变样、真变样、变好样，连续三年获得"河北省人居环境范例奖"，连续7次夺得河北省"燕赵杯"竞赛金奖第一名，2009年被河北省政府确定为新培育的区域次中心城市，2010年荣膺"国家园林城市"，荣获"河北省城镇面貌三年大变样工作先进县"称号。

一、必须把打造"全域城市"贯穿始终，促进城乡一体化

"全域城市"，简单说就是把整个辖域作为一个城市综合体来打造。对城乡二元结构比较突出的地区而言，"大变样"工作不单是一个城区"点"的面貌大改善，更重要的是整个区域"面"的发展大提速。"三年大变样"工作开展以来，我们正确把握大变样与城镇化的内在联系，将其作为总引擎、加速器，努力推进"全域城市"建设，加速城乡一体化进程。

全域规划。按照"长远与即期结合、城市与农村互动、总规与详规同步、编制与落实并重"的原则，在按照人口50万人、建成区面积60平方公里的规模

目标，高标准修编了《武安市城市总体规划》的同时，聘请清华大学、天津大学、上海同济大学等10多家国内一流设计单位专家组成规划咨询委员会，合理划定市域全境的城镇建设、产业发展、居民聚集、生态保护等主体功能区定位，认真编制了《市域镇村规划体系》，实现了规划全覆盖、全控制，为市域范围内全面发展明确了定位和方向。

全面建设。坚持统筹城乡建设，积极做大主城区，以"一带三区"为重点率先推进城市战略性东接西扩南延，使城区面积由22.7平方公里扩展到27.4平方公里；着力打造"卫星镇"，借助在建的城市二环路，以团城、康二城等5个环城乡镇为重点，加速建设与主城区相映衬的点网式"新市镇"；加快培育中心镇，立足区域优势和产业基础，强力实施中心镇崛起计划，培育出全国文明镇、中国经济文化名镇等一批重点小城镇；统筹建设新农村，通过"集体主导、公益开发、村企共建、民建公助、商业运作"五种模式，培育出磁山二街、大同兰村、淑村白沙等一大批省级新农村示范村，全市城镇化水平由43.6%提高到52%。

全速融合。按照城乡等值化的要求，积极推进城乡基本公共服务均等化和基础设施一体化，通过村村建设标准化学校、标准化卫生室、文化广场等，全面提升农村教育、卫生、文体等社会事业发展水平；通过实施有线电视、自来水、硬化道路、公交车"村村通"，全面改善农村生产生活条件；特别是按照"国省干线建精品、农村道路上等级、构筑城市主框架、带动城乡大发展"的思路，构建了城乡"一环五横六纵"道路框架和集高速公路、铁路、国省干道、县乡道路"四位一体"的现代交通格局，以交通的大提升促进了城乡的大融合。

二、必须把打造"精品城市"贯穿始终，力求建设现代化

城市是现代化的重要标志，是一个地方竞争力、吸引力和魅力的集中体现。随着社会不断进步，人们对城市提出了越来越高的要求，建设精品城市成为现阶段加快城镇化的主要任务。开展"三年大变样"，就是要把城市变得更精致、更精美、更精彩。三年来，我们重点实施了邯武快速路"一线"、洺湖新区、西苑新区、历史文化街区"三区"和东北出市口等"六大节点"、钢铁大厦暨财富广场等73项城建重点工程，使城市品位和整体形象大大提升。

（一）向旧改要变化

坚持以大拆促大建，以大建促大变，实行拆违、拆临、拆破、拆旧、拆危、拆陋、拆污"七拆"并举，累计完成各类拆迁174.5万平方米，实施了一大批城中村和旧城改造项目，力促了城市旧貌换新颜。

（二）向建设要精品

坚持不建则已、建必求精，既注重打造标志性精品建筑，又注重在细节上体现匠心。在设计上高标准，全面放开规划设计市场，面向清华大学、天津大学、同济大学、上海现代建筑设计集团等全国一流设计学院遴选建设方案；在建设上高要求，先后面向全国公开优选了中铁24局、中建三局等一批"中"字头特级以上承建单位，催生了一大批精品工程，飞架南北的中山大街高架桥，成为展示武安独特地形地貌的靓丽"名片"；超百米的财富广场暨钢铁大厦成为武安首个地标性建筑群；冀南投资最大、标准最高的综合性体育基础设施武安体育中心犹如一颗"明珠"嵌在城市新区。

（三）向文化要特色

武安历史文化底蕴十分深厚，特别是从西汉初开始置县，县城自隋代定址后再未变迁，宋代舍利塔周围的古城门、城隍庙、古柏等文化遗迹，有上千年的历史。这是武安城市建设的无价之"宝"、比较优势和"王牌"所在，花多少钱也买不来，请再高明的专家也规划不成。目前，我们正在按照"老区古文明"的定位，保留、修复和重新塑造一些具有历史风貌的建筑，加紧建设塔下历史文化街区，突出营造"筑城卫君、筑郭守民"的"内外双城"典范，使"千年古县"的文化气息和中等城市的现代魅力交相辉映。

三、必须把打造"宜居城市"贯穿始终，突出环境生态化

古希腊哲学家亚里士多德在描述城市功能时说：人们为了活着而聚集于城市；为了活得更好而居留于城市。宜居指数是衡量一个现代城市综合承载和吸纳能力的最重要标志。针对武安缺树少绿和重化产业的特点，我们把打造生态宜居城市作为推进"三年大变样"工作的一项硬任务。

一手抓城市大绿化。按照"城区园林式、全市生态型"的定位，在抓好农

◎ 武安中兴路夜景

村、企业、道路等绿化的同时，先后将散布在城区的丘荒地、水洼地、垃圾沟和拦污坝等改造成一片片景色怡人、风格迥异的公共绿地，形成了3个广场、8个公园、10个游园、15个片林组成的园林体系，构建了东有"东山"、西有"西苑"、南有"洺湖"、北有"白鹤"、中有"西岭湖"的精品园林绿化格局，打造出万亩城市绿地，实现了"三百米见绿、五百米见园"，走出了一条符合武安实际、独具山区特色的园林城市创建之路。

另一手抓空气大改善。把节能减排与"三年大变样"有机结合起来，以列入省节能减排"双三十"重点县（市）为契机，大力实施组织、责任"两到位"，工程、资金、技术"三支撑"，三年来，相继淘汰钢铁、焦炭、水泥等落后产能700多万吨、拆除"黑烟囱"46根，市财政共投入奖补资金近亿元，带动全市累计投资近42.3亿元，建成节能项目32个、减排工程52个，年节能60多万吨标准煤，年削减二氧化硫17085.37吨、化学需氧量2412.12吨、烟粉尘7000吨。特别是在国内烧结机脱硫技术尚不成熟的情况下，积极采取固态、半固态、液态等各种脱硫技术，被业界称为"国内烧结机脱硫技术实验基地"。我市城区大气环境质量自2009年达到国家二级规定标准后持续改善，2010年城区大气二级以上天数达到341天。群众们普遍反映，城市的天蓝了、水绿了、气爽了、心情更舒畅了。

四、必须把打造"实力城市"贯穿始终，推动产城互动

"市"，乃产业，为兴"城"之本，没有"市"做支撑，发展"城"如同无源之水；"城"是产业之核，没有"城"来承载，"市"发展好似无根之木。做城市，就是做产业，两者相辅相成，互为促进。对武安而言，推进"三年大变样"，不单是城乡面貌的大变样，更重要的是经济结构、产业布局、发展方式的大转变和城市活力、县域实力、基本竞争力的大提升。"三年大变样"工作以来，我们一方面坚持以经济的大提升支撑城市大发展。针对武安重型经济特点，全面加快产业转型升级，把装备制造业作为新的主导产业来培育，打造出瑞驰机床、宏泰热油泵等6大新兴装备制造企业集群，力促工业由"粗"转"精"，并大力发展现代物流、商贸休闲、金融保险、服务外包等城市优质产业，为城镇建设提供了有力的经济支撑和产业基础。另一方面坚持以城市大发展助推经济大转型。城市框架的拉开、人口的集聚、承载能力的提升，在拉动房地产和商贸、物流、餐饮、休闲、金融等各类服务产业发展的同时，也从企业布局、节能减排、改造升级等多个角度，直接对工业发展层次提出了新的更高要求，目前我们正在积极推进城区及周边企业"退城进区"，努力把钢铁、焦化等不适宜在城市发展的产业转移到聚集区，实现主城区与聚集区互为依托，既从根本上改善城区空气质量，又为城市建设和发展优质产业腾出了广阔空间，努力走出一条工业化与城镇化良性互动的发展之路。

"三年大变样"的生动实践充分证明，"大变样"工作，不是小问题，而是大战略；不是权宜之计，而是长远之策；既是加快城镇建设的必然要求，也是改善民生的"德政工程"。我们将再鼓干劲，乘势而上。

（作者系武安市人民政府市长）

武安：打造宜居家园

曾几何时，武安以"黑"著名。

作为一个资源型工业城市，武安市的冶金、建材、煤炭等三大产业较为发达。2008年，全市GDP达到400亿元，财政收入超过40亿元，综合经济实力位居全省县（市）前列。但也正因为钢铁、焦化企业较多，由此产生了严重的环境问题。

近年来，武安市委、市政府高度重视城市绿化工作，围绕建设中等城市总目标，本着"以人为本、方便高效，建筑精美、环境优雅，新区现代化、老区古文明"的发展理念，全面提升城区绿化建设管理水平。2009年，他们又响亮地提出创建国家园林城市，使城区建设由"黑"变"绿"向前更进了一大步。

2009年5月14日至15日，河北省住房和城乡建设厅邀请国家园林城市评审专家对武安市创建国家园林城市工作进行了初评验收，认为该市已基本达到国家园林城市的申报要求，同意上报。

一、由"黑"变"绿"

传统工业文明带来了科技与经济的飞速发展，带来了人类物质生活水平的极大提高。但其与生俱来的缺陷也日趋暴露：它采取控制和掠夺的方式，以惊人的速度消耗自然资源，排放大量自然界无法吸纳的废弃物，打破了生态系统的自然循环和自我平衡。以绿色取代黑色，以新型的生态工业文明代替传统工

◎ 建设中的武安体育中心

业文明,是武安市近几年在城市形象方面关注的突出问题。

武安市和许多县级市一样,是在"大农村、小县城"的基础上演变而来的。2003年,该市新一届市委、市政府调整后,提出建设中等城市目标,并与建设工业强市、生态强市、优秀旅游城市一道,作为全市的"四大目标"。按照"功能求完善,绿化扩总量,建筑铸精品,城市创特色"的工作思路,大力实施"东接西扩南延"战略,推动城市面貌发生了重大变化,为武安重返全省"十强"、首次跨入全国"百强",提供了重要支撑。

武安市采取规划定绿、街头增绿、沿水布绿、拆墙透绿、见缝插绿、科学护绿等措施,全面提升城区绿化建设管理水平。截至2008年底,城市绿化覆盖率达43.25%,绿地率达37.8%,人均公共绿地面积达10.5平方米,基本形成三季有花、四季常青、立体配置、色彩多样、城在景中、人在绿中的城市综合绿地系统。该市也连续六次夺得河北省"燕赵杯"金奖第一,连续三届获得"河北省人居环境奖",2004年,被省政府正式命名为省级园林城市。

二、天蓝水碧

在"三年大变样"活动中,武安市认为,创建国家园林城市,不仅仅是对城市绿化的检验，更是对全市经济社会、城乡面貌、承载能力、城市特色等多方面的综合评定，是直观反映一个城市实力、活力、竞争力的重要名片。为此，该市把创建国家园林城市与推进"三年大变样"活动结合起来，齐头并进。

蓝天工程，是大力改善城市环境的大手笔。武安市以治理大气污染为重点，共拆除"黑烟囱"46根，全市工业企业万元增加值能耗下降4.57%，化学需氧量、二氧化碳排放量分别削减34.2%、11.5%，城市二环路范围内，特别是"四控"区域内，严禁新上一切污染项目，禁止现有高能耗、重污染企业新建扩建，确保城区污染物排放总量逐年递减、只减不增；四环路以内工业企业一律实施三年搬迁计划、四环路以外城区周边的高污染企业在五年内要实施自行滚动搬迁。到2010年，城市全年大气环境质量基本达到国家二级以上标准，城区生活垃圾无害化处理率、垃圾清运机械化率、生活污水处理率均达到100%。

碧水工程，全面整治改造城市规划区内的河、湖、渠，建设洺湖水利风景

◎ 武安污水处理厂

区，对玉带河和旧城护城河进行彻底整治，运用疏浚清淤、污水截留、建沿河风光带等综合手段，以绿化作为景观主体，将雨水排除功能、休闲游憩功能和改善生态环境功能结合起来。根据地形条件，宜点则点、宜条则条、宜块则块进行绿化，用步行园路将点、条、块串联起来，适当布置花架、亭廊、园椅等设施，突出景观主题，创造蓝天、碧水、绿树的自然美景。城市水源地水质达标率100%；日处理规模3.3万吨的污水处理厂一期工程正式投用，污水处理率达到100%，污水处理厂二期工程和中水回用工程，2009年建成投用。

三、打造宜居家园

针对产业结构偏重、资源消耗和环境污染问题突出的实际，该市因地制宜，创新绿化模式，构建和谐宜居环境。

武安属于丘陵地带，多石少土、干旱少雨，植树难、绿化难。多年以来，按照大规模义务植树的方式，各部门一起上，买树苗，"插"山岗。由于重形式、轻质量，栽植、管护环节不到位，资金不少出，但"年年植树不见树，年年造林不见林"。2009年，该市创新绿化模式，实施"租、种、养、管"一体化。全市在编人员统一筹资，优选绿化队伍专业种植，管护两年保植保活的办法，采取春季绿化与冬季绿化相结合、财政投入与民间投资相结合、城区绿化与乡村绿化相结合、片绿与点绿相结合等途径，使武安在短短四五年间，城区新增绿化面积7000多亩，先后建成了东山、西苑、洺湖、盘龙岗4个超千亩森林公园，绿化覆盖率由2002年的30%，提高到目前的50%，建成区绿地率和人均公共绿地面积分别达到41%和10.5平方米。

本着城市生态型和"田园化"的定位，该市将原来散布在城区的水洼地、垃圾沟、拦污坝等改造成了一片片景色怡人、风格迥异的街头游园和公共绿地。西岭湖公园、向阳广场、白鹤公园、龙泉公园等一大批特色各异园林的落成，极大地提升了城市品位。

（原载2009年6月17日《邯郸日报》，作者 杨振虎 武福臣 宋明玉）

迁安
QIAN'AN

◎在"大变样"中实现魅力钢城新跨越
◎在"三年大变样"中加快建设魅力钢城绿色迁安
◎全面提高城市规划建设管理水平
  推动城镇建设上水平出品位生财富
◎山城绕水合有诗

在"大变样"中实现魅力钢城新跨越

中共迁安市委　迁安市人民政府

迁安市位于河北省东北部，总面积1208平方公里，总人口72万，综合经济实力连续八年位居全省县级30强之首。河北省委提出城镇面貌三年大变样的战略部署以来，迁安立足现有基础，瞄准更高目标，累计投入资金180亿元，实施重点城市建设项目184个，新拓展城市面积20平方公里，新增接纳城市人口能力约6万人，城镇化率达到51.8%。连续三年入选中国特色魅力城市200强，2009年获河北省宜居城市环境建设"燕赵杯"A组金奖，2010年被列为"国家可持续发展实验区"并顺利通过国家卫生城市、国家园林城市复审验收。

一、高起点规划，描绘城镇面貌三年大变样蓝图

坚持规划先行，科学指导城镇面貌三年大变样工作。一是完善规划体系。三年来，迁安市累计投入2000多万元，聘请同济大学等一流规划设计单位，本着城乡空间布局、产业布局、土地利用总体规划"三规合一"、推进各项规划有效衔接的思路，编制、完善了48项总体规划、控制性详细规划及专项规划、修建性详规，形成了相对完备的规划体系。目前，控规覆盖面积占规划区面积的85%以上，近期建设地段控规覆盖率达到100%。按照"一个主城区、3个城镇组团、38个农村新型社区、48个保留村"的四级体系，完成3个城镇组团规划，

◎ 迁安祺光大桥

2011年年底前完成13个一级社区、25个二级社区、48个特色村规划。二是确定了产业空间布局。顺应工业化、城镇化互动互促的发展规律，把全域面积划分为西部工业区、生活服务区、农业生态区三大主体功能区，推进园区向城镇集中、企业向园区集中、人口向城镇集中，实现三区互动、分类推进、差异发展。

二、塑造现代城市魅力，提升城市发展品位

按照现代城市发展理念，立足滦河、三里河等环城水系优势，充分挖掘历史文化资源，提升城市发展品位。一是北方水城正在形成。投资近30亿元，依托滦河生态防洪、三里河综合治理等城市水系治理工程，形成了万亩黄台湖水面，建成长25公里的黄台湖风景走廊和13.4公里三里河生态走廊。黄台湖景区被评为国家级重点水利风景区，三里河生态走廊荣获了"全国人居环境范例

◎ 迁安人民广场

奖"。形成了"城在山中环抱、市在林中建造、水在城中环绕"的北方水城景观。我们计划在黄台湖景区的基础上，进一步实施40平方公里的滦河景观开发工程，提升城市品位，打造滨河新城，彰显北方水城特色。二是魅力靓城已具规模。按照"完善功能、提升形象、彰显品位"的要求，把燕山大路、钢城大街作为河东区两条重要城市景观轴线，实施大规模开发建设。结合滦河生态景区综合整治、三里河生态走廊低密度开发，打造滦河沿岸滨河景观带及三里河滨水宜居休闲带。立足彰显内涵、展示风格、体现气魄，实施一批体现现代城市风貌的重点建筑群，强化"迁安印象"。三是宜居绿城日渐完善。突出绿化、美化、亮化，在中心城区，实施了市政广场南伸、黄台山公园绿化完善等工程，建成公园、广场、小游园60多处。在全域范围内，大力构建"生态绿城"，建设总长123公里的"三纵一横"4条绿道。四是文化名城已显雏形。在城市建设中，注重将历史文化元素融入到公园广场、景区雕塑、古树名木保护等方面，增强公共建筑的文化性、地域性和时代性，"全国文化先进市"创建成功。先后投资8.1亿元实施了迁安博物馆、三里河生态走廊、文化会展中心等工程。三里河生态走廊以"折起的记忆"为主题，将折纸艺术贯穿整个河道景观设计，成为体现迁安文化底蕴的标志性景观。

三、加强基础设施建设，提高综合承载能力

围绕提升产业、人口承载能力，不断完备城市功能，加快构建城乡一体的基础设施网络。一是城市配套服务设施明显改善。累计建设了总长192公里的城市道路，全市人均拥有城市道路面积18平方米。开通了覆盖城区、连接城乡的城市公交，形成了中心城区连接各镇乡的"15分钟经济圈"。目前，围绕实施大交通战略，总投资38亿元的京秦高速公路迁安支线等7项工程正在建设。文教卫生设施进一步改善，相继建成了广电新闻中心、文化会展中心、博物馆、档案馆，投资6亿元的河北联合大学迁安学院投入使用，投资6.5亿元的人民医院迁建工程加快建设。二是产业承载能力显著增强。规划面积15平方公里的省级现代装备制造产业聚集区已有首钢装备制造产业园、葵花药业等20多家企业落户；规划面积10平方公里的北方钢铁物流园区已列入河北省"十二五"规划；规划面积60.8平方公里的先进制造业工业聚集区已实现GDP120亿，正在申报省级首批产值超千亿元的工业聚集区。三是城市管理水平不断提升。组建城市管理局，相对集中城市管理行政处罚权，探索建立了集监督指挥为一体的双轴管理体制，推行城市管理精细化、常态化、网格化。整合"12319"城建便民服务热线等城市管理资源，将城市规划、建筑管理、房管物业等九大类服务全部纳入一条热线，建立了上下畅通、左右衔接、反应迅速、部门联动的城市管理新机制。

四、提高城市经营水平，增强自我发展能力

不断增强城市自我发展能力，积极破解城市建设资金和土地瓶颈制约。

◎ 燕鑫公益园

一是搭建城市建设投融资平台。以城市投资公司为龙头，以土地出让和盘活存量资产为推动器，夯实城市建设投融资平台。2010年组建了城建投公司，将城建资产、城市规划区土地资产和其他政府性资产纳入城建投公司统一运营管理，结合"四点八村"城中村改造项目，成功融资9.3亿元。二是置换城市建设用地。按照"内涵改造、拆旧建新"的思路，大力实施城市拆迁和改造，置换城市建设用地。累计拆违拆迁142万平方米，全部用于停车场等公益设施和绿地建设、商贸设施建设，解决了城市发展空间不足、公益设施缺乏的问题。通过对市区繁华路段的行政单位进行搬迁，累计腾出建设用地113亩，整理后进行商业开发，形成了以兴安大街为轴线的中心商业街。先后组织实施了滦河生态防洪、三里河综合治理工程，改造拆迁16个城中村，累计置换城市建设用地1.68万亩，缓解了项目建设的土地瓶颈制约，实现土地资源效益最大化。近三年的工作实践，我们深刻体会到，"三年大变样"不是单纯的城镇建设，而是一项涉及经济建设、社会发展的系统工程，是应对经济危机、扩大需求的有力举措，有着牵一发而动全身的作用。"三年大变样"是检验干部队伍执行能力、创新能力和工作作风的"试金石"，更是我们贯彻以人为本本质要求，密切党群干群关系的重要桥梁与纽带。工作中，我们感到有以下几点收获和启示。

（一）领导重视，有效解决干部的因素，是推进"三年大变样"的前提

破旧立新易，依新建新难。河北省委提出城镇面貌三年大变样的战略部署以来，作为不论是在城镇建设本身还是在经济社会发展方面都有较好基础的迁安来说，推进城镇面貌三年大变样是一项全新的工程。在推进过程中，我们自始至终都准确地把握了干部的因素。一是发挥领导决策作用。迁安城市面貌取得的巨大变化，集中体现了我们在科学发展观指导下推进城市发展的自觉意识。黄台湖风景区、黄台山公园、三里河生态走廊的建设，构筑了环城水系。2010年，新一任领导班子上任后，提出"用不平衡的发展理念打破发展的不平衡"，把全市1208平方公里作为一个整体，全域统筹规划，构建全域城镇化格局。围绕城镇面貌三年大变样的总体要求，制定了"四点八村"城中村改造总体规划，坚持"政府主导、亲历亲为，以人为本，让利于民"的指导原则，实施了城中村改造拆迁百日攻坚行动。二是提高干部的执行力。三年来，我们将推进"三年大变样"工作作为深入学习实践科学发展观、开展干部作风建设的重要抓手和试金石。牢牢把握干部是攻坚作战决定因素的宗旨，坚持在工作一线发现干部、在危机挑战中锻炼干部、在攻坚克难中使用干部，用正确的用人导向激励干部的工作热情，用"目标倒逼进度、时间倒逼程序、下级倒逼上级、督查倒逼落实"的责任机制提高了干部队伍的执行力。在2010年城中村改造工作中，广大干部发挥"一个党员一面旗、一个干部一标杆"的骨干作用，顽强拼搏，忘我奉献，仅用了35天的时间就完成了8个村2243户的拆迁任务，创造了和谐拆迁的"迁安速度"。

（二）敢于创新，努力破解资金的因素，是推进"三年大变样"的关键

随着城市的快速发展与规模扩张，资金的需求量越来越大。我们通过创新城市建设管理投入运营机制，坚持财政多挤一点、上级多要一点、社会投入一点的方法，有效缓解了推进"三年大变样"的资金需求，促进了城镇化的迅速发展。一是增强市域经济实力，向财政要资金。坚持以新型工业化促进城镇化，大力培育兴市立市的主导产业，实现了市域经济的持续快速发展，为城市

建设奠定了坚实的经济基础。三年来,利用公共财政资金累计实施城建重点项目40个。二是经营好城市,向市场要资金。创新城建投融资体制,搭建城市建设管理投融资平台,推进城市建设市场化运作。累计吸引社会各类投资近100亿元投入城市建设,形成了城市建设"投入—产出—再投入—再产出"的良性循环机制。对城市土地市场实行垄断经营,有计划地将城市规划区内的存量土地、闲置土地依法收购收回,打造成熟地后开发出让。三是用足用好政策,向上级要资金。实行"多条腿"走路,精心筛选和申报一批城镇建设项目,争取上级的政策性资金支持,填补了城镇建设的资金不足。通过实施廉租房、热计量改造等城镇建设工程,累计争取国家扶持奖励资金5500万元。

(三)提高幸福指数,解决好群众的因素,是推进"三年大变样"的根本

做城市就是做民生。在工作中,我们始终把改善民生、普惠人民作为一切工作的出发点和落脚点,三年来累计压缩行政事业单位公用经费4亿元用于民生工程建设。在2008年、2009年建设4.8万平方米廉租房的基础上,2010年又开工建设8600平方米廉租房,切实解决困难群众住房问题。同时,将加速农村人口转移作为推进"三年大变样"的重点,制定完善了推进农民进城的相关政策,通过推进镇园一体,产城一体,引导农民进入城镇和新型农村社区居住。城乡面貌的巨大变化极大地改善了群众的生产生活环境,让群众实实在在地感受到了"三年大变样"带来的实惠,赢得了广大群众的真心拥护和支持,使"三年大变样"工作真正做到了和谐拆迁、合力建设。

在"三年大变样"中加快建设
魅力钢城绿色迁安

胡国辉

城镇化是一个地区经济发展的必然结果，一个国家或地区的城镇化水平反映了这一地区的社会经济发展水平，而合理的城镇化的进程又会促进社会经济的发展。作为全省县域经济的排头兵，近年来，在加快推进工业化、不断壮大县域经济的同时，我们紧紧抓住河北省推进城镇面貌三年大变样的难得机遇，坚持把城镇化战略摆上重要位置，瞄准建设"魅力钢城、绿色迁安"的目标，按照实施大城区战略，加快城乡统筹发展、推进全域城镇化的思路，精心组织，强力推进，率先突破，更好地发挥了区域龙头带动作用。先后荣获国家卫生城市、国家园林城市、河北省宜居城市环境建设"燕赵杯"竞赛评比A组金奖第一名等荣誉称号，连续三年入选中国特色魅力城市200强，被列为"国家可持续发展实验区"。

一、站在经济社会发展全局的高度提高认识，是推进"三年大变样"的坚实基础

城市作为人力资源中心，能够促进各类资源的集中积累，强调城市对于区域发展的重要性，是经济学家们十分重视并长期探索的重要问题。推进"三年大变样"的战略部署，是河北省委、省政府基于对经济发展阶段和现代化发展规律的准确把握，顺应河北省城镇发展客观实际，立足于城镇化与工业化协调推进，审时度势作出的科学决策，是全面推进城镇化的战略之举，也是加快培育新的经济增长极的重要抓手。可以说，"三年大变样"紧紧抓住了推进河北城镇化进程的"牛鼻子"，是以城镇化推动工业化的必然要求，是应对危机、扩大需求的有力抓手，更是贯彻以人为本的本质要求，为人民群众创造良好生活环境，密切党群干群关系的重要桥梁与纽带，对于凝聚加快科学发展的强大合力，具有重大的现实意义。从迁安发展实际看，经过多年的不懈努力，城镇建设特别是中等城市建设取得了令人瞩目的成绩，但也面临着如何有效解决城镇建设中的问题，进一步提高城镇建设水平等重大课题。"三年大变样"的决策部署，特别是提出的主要目标要求，使我们进一步明确了城镇建设的努力方向，找准了工作的着力点和突破口。为此，我们把推进"三年大变样"作为深入贯彻落实科学发展观的重要内容，牢固树立抓"三年大变样"就是抓发展、就是抓统筹、就是抓民生的观念，把推进城镇化作为加快转变经济发展方式战略举措，以全省推进"三年大变样"工作为契机，以新理念推进城镇建设，加

◎ 迁安金水豪庭住宅小区

速推进城市化进程，使迁安的城镇建设逐步走上科学发展的轨道，促进了经济发展与城市建设的协调推进。

二、实现内涵与外在的统一，是推进"三年大变样"的根本目的

"三年大变样"，不是简单的修修补补，而是要整体协调推进。在实践中，我们坚持把迁安城市发展放在京津冀、环渤海区域规划的大格局中，着力建设融历史之韵、山水之秀、文化之魂、现代之气、文明之风于一体的品质靓城。

（一）城市定位

始终高起点谋划中等城市体系，围绕实施"四五"转型攻坚计划，坚持把1208平方公里市域面积作为一个整体，按照中部和南部生活服务区、西部工业区、东部和北部农业生态区三大主体功能区的定位，坚持城乡空间布局、产业布局和土地利用规划"三规合一"，进一步修订《2008-2020城市总体规划》，把迁安确定为"唐山市域副中心城市，以钢铁产业为主的制造业基地，现代服务业发达的滨河生态园林城市"。

（二）城市特色

以"两轴两带（燕山大路、钢城大街景观轴线，滦河沿岸滨河景观带、三里河滨水宜居休闲带）"开发为重点，全力实施提质扩容工程，强化"迁安印象"，建设现代化靓城；突出水城特色，实施滦河生态防洪工程完善、新建三

◎ 迁安人民广场

里河综合改造工程，建设北方水城，努力形成"两河相映、四面环水、城在山中环抱、市在林中建造、水在城中环绕"的城市景观。

（三）城市文化内涵

深入挖掘黄帝故都在迁安、华夏62姓源于迁安等历史文化资源，将迁安历史文化元素和纸文化、酒文化、钢文化等产业文化融入城市建设。

（四）生态建设

按照在田园中建城市、在公园中建社区、在花园中建企业的思路和"全程绿化、装点河山"的设计，在全市重点规划建设了总长123公里的4条绿道，即北部长城山野绿道、西部森林生态绿道、东部青龙河田园绿道、中部山水融城绿道，在绿道沿线建设各具特色的生态示范园区，形成绿色掩映、景色怡人的绿化生态线、风景旅游线，形成城乡一体的生态防护网。

（五）城市管理

以深入开展国家卫生城市、国家园林城市"双城"迎审工作为契机，相对集中城市管理执法权，成立城市管理局，推行多条线监管体制，建立并完善了城市长效管护机制，努力实现精细化、规范化、常态化、联动化管理，国家卫生城市、国家园林城市"双城"复审一役达标，城市管理水平进一步提高。

三、城镇化与工业化有机结合，是推进"三年大变样"的有效路径

城市发展需要主导产业的支撑，城市的发展推动主导产业的发展和新的经

济增长点的生成。实践中，我们坚持推进产业和城市融合发展，坚持大城区、大园区、大产业、大交通"四大联动"，努力打造资本、技术、劳动力、信息等生产要素高度聚集，规模效应、聚集效应和扩散效应突出的区域经济。

（一）产业支撑

以全省推进工业聚集区建设现场会为动力，按照"板块式布局、链条式集聚、循环式生产、集约式发展"的思路，加快建设西部先进制造业工业聚集区、东部现代装备制造业产业聚集区、迁安北方钢铁物流产业聚集区和迁安曹妃甸临港产业园四大产业聚集区，努力使四大产业聚集区成为产业板块的"航母"。

（二）服务业聚集

按照扩大规模、拓宽领域、提升功能、创新业态的思路，优先发展物流、金融、会展、科技研发、信息咨询、市场营销等生产性服务业，大力发展旅游、商贸餐饮、健身体育、养老保健等生活性服务业。同时，把专业化市场建设作为拉动生产、吸纳就业、辐射周边的先导性产业，积极推进连锁经营、综合批发市场、大型超市、代理专卖店等现代经营方式，大力培育汽车销售、家居建材、小商品批发、果菜集散等规模大、辐射带动能力强的区域性专业市场。

（三）公共服务有效供给

努力打造区域文化中心、教育中心、体育中心。投资7.5亿元实施了河北联合大学迁安学院和国家级重点职业高中迁安职教中心迁建工程，其中迁安学院已于2009年10月份正式招录新生入学；投资6.5亿元的集医疗救治、保健康复、疗养休闲于一体的人民医院迁建工程将于2011年5月份投入使用，投资200万元的残疾人康复教育培训中心改建工程已投入使用；投资10亿元、总建筑面积10万平方米的迁安体育中心，包括容纳2万人的体育场、游泳馆和演艺中心、五星级商务酒店已经开工建设。

（四）人口集聚

加快推进城中村改造，实施了投资158亿元、总面积480万平方米的住宅开发工程，全面满足进城人口居住需求。同时出台了鼓励农民进城、进社区政策，对农民的标准院套按照重置成新价给予货币补偿，并再给予安置补偿金10万元；到河东区购房居住的，再给予每平方米100元的购房补贴。

（五）交通建设

重点实施京秦高速公路迁安支线、京秦高速第二通道、地方铁路等工程，打造直通三大港口、对接京津、辐射周边的"七横八纵"路网格局。总投资11.8亿元的新三抚公路、万太线路面工程等已完工，投资26.6亿元的京秦高速公路迁安支线工程已经开工建设，投资5亿元的燕山大路南延工程正在加快建设，投资15亿元的地方铁路项目正在加紧前期准备工作。

优美的城市环境，已经成为迁安靓丽的城市名片，考察、洽谈、投资者纷至沓来、络绎不绝。世界500强企业、全球最大纸板制造商斯道拉恩索集团，大型国有流通企业浙江物产，澳门永晖集团，北京秦龙国际集团，深圳朗钜集团，江苏华尔润，葵花药业等国际国内知名企业纷纷落户迁安，来自北京、上海、天津、重庆、深圳、福州、大连、佛山等20多个城市的投资者也正在积极参与"魅力钢城、绿色迁安"建设。

四、坚持解放思想、开拓创新，是推进"三年大变样"的不竭动力

理念决定工作思路，决定工作成效。开展"三年大变样"以来，我们结合科学发展观学习教育和实践活动以及解放思想大讨论活动，在全市树立和强化了"不怕起步晚、就怕起点低，不怕干不好、就怕想不好，不怕经济落后、就怕观念落后""用不平衡发展破解发展的不平衡""用明天的钱办今天的事、用别人的钱办自己的事"等一系列科学发展理念，使城镇规划、建设、管理和经营水平提高到了一个新层次。我们不断拓宽城市经营领域，成立了城建投公司等融资平台，大力吸引域外资金和社会投资，建立投、赚、争、贷、节等多条筹资渠道，形成了城市建设投入产出的良性循环机制。采取BOT模式启动了投资26.6亿元的京秦高速公路迁安支线工程，采取BT模式建设总投资5.5亿元的燕山大路南延工程，投资10亿元的迁安体育中心由市九江集团建设，城中村改造工程银行融资9.3亿元已经全部到位，还将发行企业债券18亿元。通过市场化运作，累计带动社会资金100多亿元参与城市建设。

"十二五"时期是迁安经济社会加速转型提升的攻坚时期。京津冀都市圈区域规划已经上升为国家战略，京津冀区域经济合作和区域经济一体化进程加快，对我们的带动作用将加速释放。特别是河北省委、省政府明确提出"到2020年迁安城市人口达到80万"的目标要求，为我们的城市建设提供了新机遇。我们要瞄准建设大城市的目标，深入实施大城区战略，按照"沿河布局、打造支撑、城市扩容、聚集人口"的思路，以滦河综合开发为龙头，高标准拉开城市发展框架，全力推进城市空间大拓展、城市功能大提升、城市经济大发展、城市人口大聚集。大力实施"城市倍增"计划，以滦河开发为"龙头工程"，打造城市生态绿心，建设休闲宜居带，加速城市人口聚集，把滦河打造成城市转型的启动区、助推产业发展的引擎和休闲旅游等服务业发展的平台，加速滨河新城崛起；加快"两轴两带"开发建设，打造大气、时尚、宜居的现代化标志区；高标准建设城市基础设施，进一步完善城市功能；加快城中村改造步伐，巩固国家卫生城市、国家园林城市创建成果，争创国家健康城市、中国宜居城市，提高城市品位，早日把迁安建设成为京津冀都市圈宜居宜业的现代化生态滨河城市。

（作者系中共迁安市委书记）

全面提高城市规划建设管理水平
推动城镇建设上水平出品位生财富

李 忠

城镇由产业和人口集聚而成，其本质功能就是在集聚基础上的集约发展、辐射带动。城镇化与工业化是在发展进程中经济、社会一体两面的不同反映，是相互作用、相互促进的共同体。抓住城镇化，就抓住了推动经济社会发展的切入点。按照河北省委、省政府开展城镇面貌三年大变样活动的统一部署，我们坚持抓城建就是抓转型、抓调整、抓民生、抓发展的理念，使迁安在城乡面貌、经济转型、社会发展等各方面都发生了明显变化。回顾几年来的工作实践，我们深刻体会到，加快推进城镇面貌大变样，必须以完善城市功能为核心，全面提升城市规划、建设、管理水平。

一、创新理念，高质量编制规划

迁安市始终高度重视规划工作，成立了规划委员会、专家咨询委员会，坚持规划下管一级制度，在各镇乡分别成立规划办公室，不断加大规划执法力度，有力保障了各项规划的落实。几年来，我们投入2000多万元，聘请北京大学、同济大学等一流院所的名师大家，编制、修编了城市总体规划、城乡空间布局规划、各类专项规划和控制性详细规划等48项规划，控规覆盖面积基本达

◎ 迁安三里河生态走廊

到100%，形成了完善的规划体系。

（一）明确了城市发展定位和奋斗目标

按照河北省委、省政府的最新目标定位，我们以城市总体规划、城乡空间布局规划为基础，正在抓紧编制城乡总体规划，计划到2020年，把迁安建设成为河北省重要的先进制造业基地、京津冀都市圈宜居宜业的现代化生态滨河城市。

（二）明确了城乡产业布局

坚持工业化、城镇化两化互动、双轮驱动理念，统筹规划城乡产业空间布局，将全域面积划分为三大主体功能区：在西部工业区，各种生产要素集中配置、工业集中发展，推进产城一体化、全域城镇化；在中部生活服务区，打造"一河三区"主城区空间结构，限建、限采、限伐，重点发展服务业和轻工业，建设区域中心城市；在农业生态区，禁建、禁采、禁伐，坚持生态优先、旅游兴镇、农业富民。

（三）明确了城乡空间布局

出台鼓励农民向城镇、农村社区集中的政策，按照城乡空间布局规划，有步骤地推进撤乡并镇、撤乡建街、村改居，形成"1个主城区－3个城镇组团－38个农村社区－48个特色保留村"的四级发展体系。

在工作中我们深刻体会到，规划是城市建设和管理的基础，是抓总的龙头，必须统筹兼顾、科学编制。一是要坚持规划先行，突出前瞻性。规划是指导城市建设和发展的蓝图，没有规划指导，必然导致建设混乱无序、布局杂乱无章；没有一个具有战略思维、超前眼光并紧密结合实际的高水准规划，城市建设就不会上水平、出品位。一方面，要坚持规划先行，强化规划的先导作用。编制一个高水准的规划，需要相当的工作时间。必须秉承"宁可规划等建设，不能建设没规划"的理念，无论项目投资大小，没有规划绝不允许开工建设，确保每一项工程都在规划的科学指导下进行。另一方面，要适度超前，强调规划的前瞻性。在规划的编制过程中，要紧密结合当地实际，准确分析未来面临形势和发展趋势，确定城市发展战略、发展目标和工作任务，进而做好规划编制工作。二是要坚持实用管用，体现可操作性。城市规划是用来指导城市建设和管理的，必须坚持从实际出发，确保实用性和可操作性。在规划编制过程中，必须紧密结合本地经济社会现状、产业特色、自然禀赋，尤其是在时间、财力、组织和落实水平上要符合当地实际，避免花冤枉钱、走冤枉路。三是要坚持舍得投入，确保规划质量。工作中我们深刻体会到，高质量的规划是财富，低水平的规划是包袱。在规划编制上，必须坚持高起点、高标准，必须舍得投入，才能真正在城市建设中打造出特色，塑造出精品。

二、理"脉"顺"气"，高标准建设城市

建设是快速推进城镇化的重要环节，涉及方方面面的工作，关键是要紧紧围绕彰显特色、聚集产业、吸纳人口三个方面做文章，切实提高城市品位、提升城市价值、增强城市承载和集聚能力。

（一）活水脉、秀灵气，打造北方水城，彰显城市魅力

特色是一个城市的魅力所在。不同地域有不同的自然禀赋、不同的文化人文特色。就迁安来讲，滦河穿城而过，两侧三山呼应，产业支撑强劲，生态、旅游、城市地产的开发潜质极大，是大自然赋予迁安人民的宝贵财富。我们依

托这一优势，充分挖掘黄台山、龙山的历史文化资源，先后实施了滦河生态防洪、黄台湖景区、黄台山公园、三里河生态走廊等系列重点工程，形成了近万亩的黄台湖水面和25公里的黄台湖风景走廊、13.4公里的三里河生态走廊，打造了北方水城景观，先后荣获国家卫生城市、国家园林城市等荣誉称号。同时，坚持走内涵改造之路，强力开展拆违拆迁攻坚战、城中村改造拆迁百日攻坚行动，加大旧城改造力度，使城市总体风格协调统一。今后，我们计划在黄台湖景区的基础上，实施40平方公里的滦河景观开发工程，提升城市品位，打造滨河新城，进一步彰显北方水城魅力。大力实施公园化战略，以4条绿道建设为重点，加快绿化迁安大地，形成"在田园中建城市、在公园中建社区、在花园中建企业"的生态型、田园化钢城景观。

（二）集民脉、聚人气，打造宜居城市，吸引人口集中

聚集人口是加速城镇化的关键环节和重要措施。人口的集中必然会促进公共资源的优化配置，带动城市建设，促进城市发展。没有人口集中的城市，是一座缺乏生机的空城；反过来，改善城市面貌、完备城市功能、打造宜居宜业城市，也必然会吸引人口集聚。没有城镇化水平快速提升的城市，聚集再多的人口，也是一座生机紊乱、难以持续发展的城市。为此，推进城镇化进程，必须围绕吸纳人口、聚集人气做文章。近年来，我们围绕提高城镇吸纳能力，实施了保障性住房、廉租房和左岸蓝郡等480万平方米的40项住宅开发工程，完成了市政道路、供水、集中供热、集中供气等39个城市基础设施工程，不断提高城市宜居度。围绕提高城镇吸引力，投资7.33亿元实施了三里河生态走廊、市政广场及城市绿化、亮化等工程，改善城镇人居条件；实施人民医院迁建、河北联合大学迁安学院等25项公共事业项目、世纪兴商业广场、财富中心等63项商业开发项目，加快建设区域医疗中心、教育中心、购物中心、文化体育中心，以优质资源吸引人口集聚。同时，出台了以宅基地换房等鼓励农民进城镇、进社区的优惠政策，吸引人口向城镇集中。

（三）畅财脉、旺商气，提高产业承载能力，活跃城市经济

城镇化既是工业化的重要载体，又需要工业化来支撑。一座没有产业聚

集的城市，必然会成为没有活力的死城。我们围绕提升承载能力、促进产业集聚，按照打造"生态园区、产业新城"的目标，规划建设了总面积60.8平方公里的西部工业区、总面积15平方公里的装备制造业产业聚集区、总面积10平方公里的北方钢铁物流产业聚集区、总面积10平方公里的曹妃甸迁安临港产业园，按照板块式布局、链条式集聚、循环式生产、集约式发展的思路，促进园区向城镇集中、企业向园区集中、人口向城镇和新型农村社区集中。围绕提高通达能力，实施了投资5亿元的燕山大路南延、投资26.6亿元的京秦高速迁安支线（迁曹高速北段）等交通重点工程，迁曹高速公路南段、地方铁路网项目正在抓紧跑办。依托区域中心城市建设带来的市场空间、发展潜力，激活民资、招商引资，积极发展现代物流、会展、金融、科技研发等生产性服务业和城市物业、社会养老、医疗保健、教育文化、演艺体育等生活性服务业，繁荣城市经济。

三、严管细抓，高水平管理城市

城市三分靠建设、七分靠管理。提高城市管理水平，要突出抓好以下几个方面：

（一）加强规范和约束

没有规范，就没有秩序；没有约束，就谈不到管理。在城市管理目标上要突出以人为本，在方式上要突出人性化管理，在夯实管理基础上要敢于和善于规范和约束。我们成立了城市管理局，相对集中城市管理行政处罚权，加快建立监督、指挥"双轴化"管理体制，形成全时段监控、全方位覆盖、反应敏捷的联动机制，推进精细化、常态化、网格化管理。

（二）配套推进市场化运作、责任化监管

搞活城市管理工作，必须坚持利益驱动、责任促动两手抓，真正建立长效机制。在监管上，我们将进一步严格监管办法，强化奖惩措施，配套建立责任部门划片日常监管、退休老同志协管员协助、"4050"人员公益岗位巡查、社会舆论监督等多条线监管体制，把监管覆盖到城市服务的各个领域。在市场化运作上，抓紧完善制定市场化运作办法和详细标准，按照监管分离、管办分离

的原则，对绿化、保洁、供水、供热、污水处理等公用事业服务领域，健全监管机制，明确奖惩措施，探索推进市场化运作。

（三）围绕人的发展打造城市文明

一座城市的形象，标志性建筑可以留在人们的镜头中，市民的文明素质却会留在游客的心头上。为此，我们坚持以严格执法规范市民行为，以创建文明单位、文明家庭、文明个人等活动为载体，深入开展市民文明素质提升工程，2010年有8个单位被命名为"省级文明单位"。

在加强城市管理的同时，我们更注重运用市场化理念经营城市，放开规划、建筑市场，谋划大项目、搭建大平台，引进国内外知名度、美誉度较高的大设计商、大开发商、大建筑商，打造精品工程；通过投融资、土地置换和集约利用等多种形式，依靠市场加快城市建设。成立了市城建投公司，采取银行贷款、发行债券、推行BT、BOT模式等多种方式，筹集城市建设资金。目前，采用BOT模式实施的总投资26.6亿元的京秦高速公路迁安支线工程和采用BT模式投资5亿元的燕山大路南延工程、投资5亿元的曹妃甸迁安临港产业园造地工程正在加快建设。

（作者系迁安市人民政府市长）

山城绕水合有诗

"绿水湾畔观鱼,误作杭州花港。黄台湖边散步,堪称塞下苏堤。"提起碧波荡漾的黄台湖,一迁安市民在迁安诗词协会定期出版的《古燕山风》诗刊上发表了这样的美丽诗句。

更让迁安市民高兴的是,眼下从黄台湖引出的水正喷涌而出,沿着整治好的三里河河道绕城而走。"水到处,临水听槐、清河映柳等景点从蓝图变成现实。我们正瞄准建设山水园林特色中等城市的目标,以提升档次为核心,掀起新一轮城市建设高潮,把迁安打造成生态宜居、特色鲜明的中等城市。"迁安市委书记范绍慧说。

"规划让生活更美好""规划即法,执法如山"。在迁安很多地方都有这样的巨幅标语,这是迁安在建设城市过程中的"规划观"。建设特色中等城市,离不开一个高水平的规划。早在1982年,迁安市就委托省规划院完成了城市总体规划。2005年,迁安市开始着手新一轮的城市总体规划修编工作,科学地作出了"一河两区"的城市总体规划方案。2009年10月,新修编的《迁安市城市总体规划(2008-2020)》在河北省率先通过省规划委员会审查,为特色城市建设进一步指明了方向。规划明确迁安城市的性质和定位为"唐山市域副中心城市",以钢铁产业为主的制造业基地,现代服务业发达的滨河生态园林城市。发展目标是构建"一城两区"的城市格局,建设高效、宜居、具有山水特色的生态园林城市,中心城区的规模为到2010年人口达到30万人,建设用地规模为33平方公里。到2020年人口达到42万人，中心城区建设用地规模为46.2平方公里。

为切实加强对重点区域的规划控制，保证城市景观，提升城市品位，迁安编制完成了《河东区重点地段控制性详细规划（北市区）》《滦河市区段景观概念性规划》等规划。特别是在河北省率先编制了《拆违拆迁控制性详细规划》《城市色彩规划》等专项规划，对城市如何拆、如何建，甚至建筑的色调都有统一的规划。这些规划为城市重点区域建设、增加城市亮点、提高城市品位提供了有效指导。为突出城市建设的前瞻性和高标准，迁安聘请了清华大学、北京大学等知名高校、机构的9位国内知名专家组成"智囊团"，探索建立了"设计单位名录制"，在比对中选出最佳方案。为确保规划方案审批的民主性和科学性，成立了规划委员会，创立了由相关部门、专家、百姓参与的规划方案集体审查制度。

春日的明媚阳光中，到处是热火朝天的建设场面。站在迁安人民广场，放眼望去，四周塔吊林立。东侧，投资1亿多元的财富中心大厦正在加紧建设，文化会展中心、广电新闻中心已经进入后期装修阶段。北侧，投资2亿多元的天波国际酒店建设项目正加紧建设。西侧，由两位民营企业家分别投资近亿元的双子塔楼也将竣工，双子塔楼高大宏伟，塔尖直刺苍穹。这只是城市加快建设的一瞥，整个迁安就像一个"大工地"。"推进城镇化的过程，最终要表现为城镇化率的大幅度提高和区域中心城市的现代化。我们按照滨河生态园林城市定位，把好蓝图绘到底，以城镇面貌三年大变样为契机，以超常的举措开展攻坚行动，加快特色中等城市建设。"迁安市市长郭竞坤坚定地说。"攻坚"行动如火如荼：着眼提升品位、完善功能，河东区建设全面提速。迁安在河东区的南部新市区总投资6.5亿元的北方一流的花园式医院——人民医院正加紧建设。总投资6亿元的河北联合大学迁安学院投入使用，迁安没有大学将成为历史。为扩大城市规模，迁安创新思路，加快推进"农民进城"的步伐，在城区的黄金地段选址建设农民保障性住房，建筑面积32万平方米的农民保障性住房一期工程即将动工。投资8亿元建设的企业办公一条街，正全面推进。未来，这里将建成迁安优秀企业的"总部基地"，成为城市新景观。按照现代工贸区和有利于产业聚集发展的标准，加快构建骨架、完善功能、改善环境，推进河西区建设。在机声隆隆中，在塔吊旋转中，迁安正在迅速地长大长高。按照规划，未来的迁安中心城区向南跨越滦河，形成"一心三片"的城市格局，建成环渤海地区一座特色鲜明、景观优美、生活富裕、充满生机、富有魅力的现代化城市。

河畔人家、碧水花苑、金水豪庭……这是迁安正在建设的几个小区的名字，"水"在不知不觉中"流入"城市的每个角落。"每天推开窗子，青山绿水映入眼帘，四季皆景，美不胜收"，家住怡秀园小区的孟先生很是自豪。"千篇一律、大同小异的城市建设模式是城市的通病，迁安力戒通病，依托自身独特的资源，建成一座独具魅力的城市，打造三张特色鲜明的名片"。打造"水迁安"，依托河北省第二大河——滦河穿城而过的独特优势，实施了总投资22亿元的滦河生态防洪工程，黄台湖风景区已经成为国家级水利风景区、唐山市十大魅力景区。在此基础上，总投资6亿元的三里河景观工程正加快建设，引滦河水入三里河，着力打造以历史文化、休闲娱乐、亲近自然为主题的现代廊道，迁安将再现四面环水的生态景观。打造"绿迁安"，虽是全国绿化模范市、国家园林城市，但迁安仍不满足，进一步加大绿色迁安建设步伐，投资1700万元、面积2000亩的滦河生态防洪绿化工程，投资180万元的市政广场二期绿化工程等一大批城市绿化工程全面推进，在绿化中突出绿量和整体性，注重大环境与小环境相结合，努力构筑人在绿中，城在园林中的总体城区风貌。近期将达到人均公共绿地12.7平方米，绿化覆盖率44.6%，绿地率39.4%。打造"夜迁安"，聘请天津大学建筑设计院对主干道路两侧、重点道路交叉口的节点、公园广场等重点区域，体量较大的建筑单体进行全面科学的亮化规划和深化设计，投资5000万元，实施夜景亮化攻坚行动。在集中攻坚的基础上，起草了《迁安市夜景照明管理办法》，确保新建项目同时实施夜景亮化。精心打造轮廓分明、灯火通旺的现代城市夜景景观。

"山好水好大环境好，小环境好了我们更高兴，建成十多年的老楼房也冬暖夏凉了，换上了新装，老小区的路通畅了。"谈起迁安"既有建筑进行节能改造"工程和"旧街老巷改造"工程，该市和平小区的王大爷说。从去年开

◎ 迁安帝景豪庭住宅小区

始，迁安老房子旧貌换新颜，老街道提升档次，城市的每个角落都发生着让百姓叫好的改变。建设特色城市需要大手笔的"写意"，让城市到处是水的绿，花的红，夜的五光十色，更需要精雕细刻的"工笔"，关注细节，把城市的每个角落建好做精，这是提升城市整体形象的需要，更应是以人为本、建设宜居城市的必然选择。迁安市本着"政府主导、市场运作、规范管理、尊重民意"的原则，启动了28个城中村改造工作，彻底改善城中村百姓的生活居住环境。开工建设了总投资6602万元、日处理污水4万吨的再生水处理工程，投资7500万元建设第二垃圾填埋场，让城市更洁净。投资近亿元对4条旧街老巷实施改造、对4个小区进行节能、绿化、硬化完善，让旧小区脱胎换骨。投资7000万元，实施供热扩供改造配套工程，让城市更温暖。从制度建设入手，不断完善公共服务体系，实现城市管理规范化、常态化和联动化的"三化"管理，建立了高覆盖、精细化、无遗漏的城市管理长效机制。

山城绕水，是当地人的福分，让当地人诗兴大发，更让到迁安的外地人赞不绝口。20年前在迁安工作过的中宣部一位领导故地重游后惊讶地说："我以为来错了地方，早知有迁安，何必下江南，此言不虚。"香港《大公报》总编到迁安考察，在黄台湖的游船上感慨万千："这里真有点儿像香港的维多利亚湾！"听到这样的评价，迁安人自豪地说，过两年再来吧，迁安会更美。

是的，未来迁安会更美，人们会写出更多更美的诗句。

（原载2009年5月16日《唐山劳动日报》，
作者　毛广丰　孟令连　陈儒　胡琳泊）

图书在版编目(CIP)数据

魅力先锋：河北省城镇面貌三年大变样先进县(市)红旗谱/河北省城镇面貌三年大变样工作领导小组，河北省新闻出版局编．—石家庄：河北人民出版社，2011.8
（河北走向新型城镇化的实践与探索丛书）
ISBN 978-7-202-05899-2

Ⅰ.①魅… Ⅱ.①河…②河… Ⅲ.①城镇-城市建设-经验-河北省 Ⅳ.①F299.272.2

中国版本图书馆CIP数据核字(2011)第064952号

丛 书 名	河北走向新型城镇化的实践与探索丛书
书 　 名	魅力先锋
	——河北省城镇面貌三年大变样先进县（市）红旗谱
主 　 编	河北省城镇面貌三年大变样工作领导小组
	河北省新闻出版局
责任编辑	宋　佳　张京生　王　宇
美术编辑	于艳红
责任校对	余尚敏
出版发行	河北出版传媒集团公司　河北人民出版社
	（石家庄市友谊北大街330号）
印　　刷	河北新华联合印刷有限公司
开　　本	787毫米×1092毫米　1/16
印　　张	17.5
字　　数	247 000
版　　次	2011年8月第1版　2011年8月第1次印刷
书　　号	ISBN 978-7-202-05899-2/C·226
定　　价	82.00元

版权所有　翻印必究